JI LINGBUJIAN JIEGOU SHEJI

工业机器人及零部件结构设计

李慧　马正先　逄波　著

化学工业出版社

·北京·

本书从工业机器人设计及应用的角度出发，通过设计案例较为全面系统地剖析了工业机器人设计与结构之间的关系。对冷冲压用机器人、热冲压用机器人、数控机床用机器人、装配用机器人及模块化工业机器人等多类工业机器人操作机进行研究与设计，特别对容易被忽视的部件连接与结构问题进行了阐述与比较，提出了机器人设计过程中存在的主要问题和相应的原则性解决方案。

本书本着“理论-设计-应用”的写作思路，共计6章。分别是：第1章导论；第2章工业机器人整体设计；第3章工业机器人的结构与驱动；第4章工业机器人控制装置；第5章典型工业机器人结构设计；第6章工业机器人零部件结构设计。

本书以设计案例为中心，以冷冲压用机器人、热冲压用机器人、数控机床用机器人、装配用机器人及模块化工业机器人等为主要研究对象，对其转动机构、升降机构、手臂机构、手腕机构、夹持机构及其他机构的特征、运动及结构进行深入探讨。采用工程图形、列表与文字融合的表达方式对机器人进行简明扼要的表达与阐述，力求使读者在深入理解案例内部结构的同时全面了解机器人的共性与特殊性，为机器人设计或选用提供帮助。

本书可作为工业机器人设计人员以及机械自动化专业本科生、研究生的参考书。

图书在版编目（CIP）数据

工业机器人及零部件结构设计/李慧，马正先，逄波著.—北京：化学工业出版社，2016.11
ISBN 978-7-122-28230-9

Ⅰ.①工… Ⅱ.①李… ②马… ③逄… Ⅲ.①工业机器人-零部件-结构设计 Ⅳ.①TP242.203

中国版本图书馆CIP数据核字（2016）第240188号

责任编辑：张兴辉　　文字编辑：陈　喆
责任校对：宋　玮　　装帧设计：王晓宇

出版发行：化学工业出版社（北京市东城区青年湖南街13号　邮政编码100011）
印　　刷：北京永鑫印刷有限责任公司
装　　订：三河市宇新装订厂
787mm×1092mm　1/16　印张9½　字数201千字　2017年1月北京第1版第1次印刷

购书咨询：010-64518888（传真：010-64519686）　售后服务：010-64518899
网　　址：http://www.cip.com.cn
凡购买本书，如有缺损质量问题，本社销售中心负责调换。

定　　价：49.80元　

FOREWORD

前言

这是一本密切联系工程实际，结合大量机器人设计案例，系统地论述工业机器人及零部件结构设计的著作。

由于工业机器人是柔性生产不可或缺的设备，因此工业机器人及零部件结构设计将是机械制造及自动化的重要组成部分，是一种既要求多学科理论基础，更要求工程知识和实践经验的蕴藏着巨大优化和潜力的工作，但由于各种原因，目前对其系统研究的成果或论著却极少见。长期以来，由于系统地对工业机器人及零部件结构的分析研究较少，该方面知识主要靠设计者自己在工作实践中摸索积累，这给机器人设计与应用均带来较大的困难。结构设计知识的不足，不仅会极大地限制设计者的视野和创造力，还会限制机器人的发展和应用。笔者本着“理论-设计-应用”的理念完成了此著作，重点在于应用，书中用大量案例较全面系统地阐述了工业机器人机械结构设计方面存在的共性问题，并提出了相应的原则性解决方案，具有很强的实用性。如果能为读者在工业机器人机械结构设计方面提供帮助，笔者将会感到极大的满足与欣慰。

全书共分6章，分别是：第1章导论；第2章工业机器人整体设计；第3章工业机器人的结构与驱动；第4章工业机器人控制装置；第5章典型工业机器人结构设计；第6章工业机器人零部件结构设计。本书是笔者在从事产品开发设计和学校教研的基础上，结合研究成果以及国内外的研究资料形成的。书中案例一方面是笔者在工作及研究中对该问题的看法与观点，另一方面是参考或汲取了国内外的资料。为了突出对机器人操作机设计的阐述及对其结构特殊性的重点描述，第3章、第5章及第6章的图例去掉了一些复杂的结构、要素及交叉重叠关系，书中在表达时仅给出了简洁示意和概略性的介绍，某些具体的零部件结构未能详细论述。

由于设计案例的软件、版本不同，实例的来源多，个别图例图面太大且复杂等原因，也会使得案例存在某些图的内容、格式表达不妥之处。并且，书中的诸多论点和观点也只是笔者一家之说。由于笔者水平及时间限制等，书中会出现笔者想不到或考虑不周的诸多问题或不足，恳请并欢迎读者及各界人士予以指正，共同商讨。

第4章由逄波（E-mail：1980609163@qq.com；QQ：1980609163）完成；其余各章由李慧（E-mail：lihuishuo@163.com；QQ：1003393381）完成；全书由马正先教授（E-mail：zhengxianma@163.com；QQ：1371347282）校对和审稿。本书得益于诸多同事与学生的帮助和丰富的媒体与资料，得益于马辰硕（E-mail：chenshuoma@students.mq.edu.au；QQ：243905263）等同学的支持，在此表达衷心的感谢。

本书笔者对书中引用文献的所有著作权人表示衷心感谢！

著　者

CONTENTS

目录

第1章　导论

1.1　工业机器人分类 …… 1
1.2　工业机器人基本特性 …… 1
1.3　工业机器人应用及前景 …… 2
1.4　本书的主要内容与特点 …… 4
1.4.1　主要内容 …… 4
1.4.2　主要特点 …… 6

第2章　工业机器人整体设计

2.1　机器人总体设计方案制定与设计流程 …… 7
2.1.1　总体设计方案制定 …… 7
2.1.2　机器人设计流程 …… 11
2.2　工业机器人的基本参数 …… 12
2.2.1　工业机器人的基本技术参数 …… 12
2.2.2　工业机器人的基本特征参数 …… 13
2.3　工业机器人的配置 …… 16
2.3.1　机械结构 …… 16
2.3.2　运动性能/运动协同/运动功能/运动监控 …… 16
2.3.3　通信工具/工程工具/应用工具 …… 17
2.4　机器人操作机结构与设计 …… 18

第3章　工业机器人的结构与驱动

3.1　工业机器人的通用部件 …… 20
3.1.1　滚珠导轨及滚柱导轨 …… 20
3.1.2　滚珠丝杠-螺母传动及导轨 …… 21
3.2　工业机器人的典型部件 …… 21
3.2.1　操作机杆件回转用电驱动装置 …… 22
3.2.2　带差动齿轮减速器的手腕传动机构 …… 23
3.2.3　手臂用齿轮减速器机构 …… 24
3.2.4　带机电驱动装置的回转机构 …… 26
3.2.5　带蜗杆蜗轮减速器的手臂回转机构 …… 26

3.2.6 带谐波齿轮减速器的手臂回转机构…… 29
3.2.7 电驱动的提升机构…… 30
3.3 工业机器人的装置与驱动…… 32
3.3.1 工业机器人的电驱动装置…… 32
3.3.2 工业机器人的液压与气动装置…… 35

第 4 章 工业机器人控制装置

4.1 工业机器人控制系统简介…… 40
4.1.1 典型工业机器人控制系统硬件结构…… 40
4.1.2 工业机器人伺服控制系统…… 43
4.1.3 机器人控制系统的功能及实现过程…… 44
4.1.4 机器人控制系统控制方式…… 47
4.1.5 工业机器人控制系统的基本要求…… 50
4.2 工业机器人程序控制装置…… 52
4.2.1 单片机系统…… 53
4.2.2 可编程控制器…… 59
4.2.3 IPC 系统…… 63
4.3 机器人位置与位移传感器…… 68
4.3.1 内传感器…… 69
4.3.2 外传感器…… 75

第 5 章 典型工业机器人结构设计

5.1 工业机器人方案制定的基本原则和设计流程…… 79
5.1.1 工业机器人方案制定的基本原则…… 79
5.1.2 工业机器人设计流程的必要内容…… 80
5.2 冷冲压用机器人结构设计…… 81
5.2.1 GY 型冷冲压用机器人特征要求…… 81
5.2.2 GY 型冷冲压用机器人方案制定与设计流程…… 82
5.2.3 GY 型冷冲压用机器人运动原理…… 83
5.2.4 GY 型冷冲压用机器人结构设计…… 85
5.3 热冲压用机器人结构设计…… 87
5.3.1 GR 型热冲压用机器人特征要求…… 87
5.3.2 GR 型热冲压用机器人方案制定与设计流程…… 87
5.3.3 GR 型热冲压用机器人运动原理…… 89
5.3.4 GR 型热冲压用机器人结构设计…… 90
5.4 数控机床用机器人结构设计…… 92
5.4.1 GJ 型数控机床用机器人特征要求…… 92
5.4.2 GJ 型数控机床用机器人方案制定与设计流程…… 93

5.4.3 GJ 型数控机床用机器人运动原理 …… 95
5.4.4 GJ 型数控机床用机器人结构设计 …… 97
5.5 装配用机器人结构设计 …… 97
5.5.1 GZ-Ⅱ型装配用机器人特征要求 …… 98
5.5.2 GZ-Ⅱ型装配用机器人方案制定与设计流程 …… 98
5.5.3 GZ-Ⅱ型装配用机器人运动原理 …… 100
5.5.4 GZ-Ⅱ型装配用机器人结构设计 …… 101
5.6 模块化工业机器人结构设计 …… 103
5.6.1 GS 型模块化工业机器人特征要求 …… 104
5.6.2 GS 型模块化工业机器人方案制定与设计流程 …… 104
5.6.3 GS 型模块化工业机器人运动原理 …… 106
5.6.4 GS 型模块化工业机器人结构设计 …… 109

第 6 章 工业机器人零部件结构设计

6.1 转动机构 …… 111
6.1.1 转动机构设计流程 …… 111
6.1.2 转动机构原理 …… 112
6.1.3 转动机构结构与分析 …… 113
6.2 升降机构 …… 115
6.2.1 升降机构设计流程 …… 115
6.2.2 升降机构原理 …… 116
6.2.3 升降机构结构与分析 …… 117
6.3 手臂机构 …… 120
6.3.1 手臂机构设计流程 …… 120
6.3.2 手臂机构原理 …… 122
6.3.3 手臂机构结构与分析 …… 125
6.4 手腕机构 …… 126
6.4.1 手腕机构设计流程 …… 126
6.4.2 手腕机构原理 …… 128
6.4.3 手腕机构结构与分析 …… 129
6.5 夹持机构 …… 132
6.5.1 夹持机构设计流程 …… 132
6.5.2 夹持机构原理 …… 134
6.5.3 夹持机构结构与分析 …… 135
6.6 其他机构 …… 137
6.6.1 操作机水平移动机构 …… 137
6.6.2 滑板机构 …… 141

参考文献

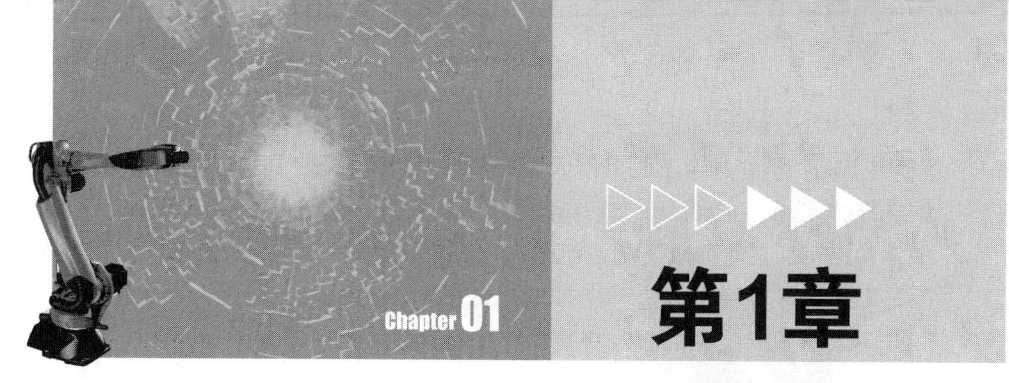

第1章 导论

工业机器人由机械本体、控制系统、驱动与传动系统和传感器组件等基本部分组成。是应用于工业领域的多关节机械手或多自由度的机械装置，能自动执行工作，靠自身动力和控制能力来实现设计功能的装置。机器人的主体为机座和执行机构，主要包括臂部、腕部和手部，有的带有行走机构。既可接受人类指挥，也可按照预先编排的指令程序运行，先进的工业机器人能够根据人工智能技术制定的原则纲领行动。

1.1 工业机器人分类

工业机器人分类的方法有多种，分类时主要是参照以下内容进行。

（1）工业机器人型号的基本技术参数和符号

工业机器人的承载能力、动作自由度、工作空间的外形和尺寸、定位误差和控制系统形式等基本参数决定了工业机器人的工艺性和结构特点，据此可以确定工业机器人型号。目前，工业机器人型号多采用字母和数字代号来表示，且尚不统一。

（2）工业机器人的机械结构

按照工业机器人的机械结构可以分为串联结构、并联结构及混合结构。

（3）机器人生产厂家

目前，机器人生产厂家可以按照自己的情况进行分类。如ABB公司生产的工业机器人有通用机器人、喷涂机器人、拾料机器人、码垛机器人等。

（4）工业机器人服务的生产形式

按照工业机器人服务的生产形式可以分为铸造生产中的工业机器人、锻压设备中的工业机器人、金属切削机床用的工业机器人、装配用工业机器人、金属电镀车间设备用工业机器人等。

作者认为，工业机器人的本质是服务于生产，从这一点考虑，可以按照“字母+数字+用途”进行分类。“字母”表示服务的类别，“数字”表示设计或修改的次数，“用途”表示服务的生产形式。

1.2 工业机器人基本特性

工业机器人基本特性一般是指机器人的应用范围、机器人的技术特性或机器人的特有功能等。例如，当工业机器人服务的生产形式确定以后，可以进行工业机器人型号的选择。选择工业机器人的型号时，应以机器人的应用范围为基础，并根据对所制造的零件结构、工艺参数及装备组成进行分析，由分析结果来确定机器人的技术特性，同时还要对每一种生产形式所特有的功能进行分析。

不同形式的工业机器人其基本特性或参数均存在较大的差异。

1.3 工业机器人应用及前景

工业机器人技术集中了机械工程、电子技术、计算机技术、自动控制理论及人工智能等多学科的最新研究成果，是当代科学技术发展最活跃的领域之一。1913 年，美国福特汽车公司首次研发成功机械手并被用在机床上下料的自动生产线上，取得了良好的经济效果。1959 年，美国联合控制公司首次研发成功一种动作程序可变、行程可调、适应力强的高级机械手。它不但应用于自动机床的上下料，而且能够自动控制工具进行焊接、热处理等作业，在一定程度上像人手一样地工作，并称这种高级机械手为机器人。1962 年，美国 AMF 公司生产出“VERSTRAN”（万能搬运），与 Unimation 公司生产的 Unimate 一样成为真正商业化的工业机器人，并出口到世界各国。1978 年，美国 Unimation 公司推出通用工业机器人 PUMA，PUMA 至今仍然工作在工厂第一线。

自 20 世纪 60 年代初机器人问世以来，机器人技术经历了不断的发展，已取得了实质性的进步和成果，主要体现在如下几个方面。

（1）提高生产过程的自动化程度

应用机器人，有利于提高材料的传送、工件的装卸、刀具的更换以及机器的装配等自动化程度，从而可以提高劳动生产率，降低生产成本，加快实现工业生产机械化和自动化的步伐。

（2）改善劳动条件、避免人身事故

在高温、高压、低温、低压、有灰尘、噪声、臭味、有放射性或有其他毒性污染以及工作空间狭窄等场合中，用人直接操作是有危险或根本不可能的。而应用机器人即可部分或全部代替人安全地完成作业，大大改善工人的劳动条件。同时，在一些动作简单但又重复作业的操作中，以机器人代替人进行工作，可以避免由于操作疲劳或疏忽而造成的人身事故。

（3）减少人力，便于有节奏的生产

应用机器人代替人进行工作，这是直接减少人力的一个侧面，同时由于应用机器人可以连续地工作，这是减少人力的另一个侧面。因此，在自动化机床和综合加工自动生产线上目前几乎都设有机器人，以减少人力和更准确地控制生产的节拍，便于有节奏地进行生产。

目前，世界上有百万多台工业机器人正在各种生产现场工作；在非制造领域，上至太空舱、宇宙飞船，下至极限环境作业、日常生活服务，机器人技术的应用已拓展到社会经济发展的诸多领域；在传统制造领域，工业机器人经过诞生、成长、成熟期后，已成为不可或缺的核心自动化装备。

（1）热加工生产中的工业机器人

工业机器人在铸造生产中应用广泛，涉及铸造、喷砂处理、喷丸清理及铸件运输等几乎所有环节。

工业机器人在铸造生产中所完成的基本功能包括：从机器的工作区域取出铸件；依次将铸件移送到检测位置，进入冷却装置；放入切边机的压模中；从压模中拿走，分放在包装箱中；将芯放到铸造砂型中并浇注金属。 用于铸造生产中的工业机器人应具有特殊的结构形式，以防止周围介质的作用；如控制柜、控制台、导轨以及摩擦表面的密封，将控制系统布置在独立单元中等。 铸造生产中的工业机器人正朝着运行的快速性及可靠性方向发展。

（2）冷加工设备中的工业机器人

工业机器人在锻压设备生产中涉及的应用领域包括：用于曲柄压力机、模压曲柄弯管机、螺旋压力机等。

在锻压生产中应用的工业机器人，其基本功能包括：从规定位置夹持毛坯；移送到工作位置；从一个位置转放到另一个位置（其中包括转动）；取下成品件并将其放到包装箱中；抓放废料；发出控制机器人技术综合装置的指令等。

（3）金属切削机床用工业机器人

在柔性生产单元、柔性制造系统中，采用工业机器人辅助生产是最有成效的方法。目前，具有基本组合模块结构的金属切削机床用工业机器人已经得到广泛的应用。

金属切削机床用工业机器人所完成的基本功能包括：在机床工作空间内安装事先已经定向的毛坯；从机床上取下零件并放入包装箱（储料器）中；必要时翻转零件，清洗零件及夹具的基准面；控制装置发出工艺指令；检测零件等。 当采用辅助装置和坐标循环台、升降平台等机构时，可以扩大工业机器人的功能。

（4）装配用工业机器人

在装配生产中的工业机器人，既可为自动装配机服务，又可直接用来完成大批量零件装配作业。

装配作业包括堆垛、拧螺钉、压配、铆接、弯形、卷边、胶合等。 为实现工业机器人操作必须保证基本功能的实现：如在垂直方向上手臂应该能做直线运动；机器人结构沿垂直轴方向上要有足够高的刚度，能够承受在装配方向上产生相当大的作用力；机器人有补偿定位误差的可能性，即结构的柔顺性，如依靠在垂直于装配基本方向的平面上结构的柔顺性；工作机构能做高速运动。 当考虑上述基本功能要求时，装配工业机器人合理的结构应该是带有在水平面上铰接的工作手臂，并具有垂直行程的工作机构。工业机器人的承载能力不应超过极限值，并且，机器人应具有很灵活的、较大的工作空间以及紧凑的结构。

（5）金属电镀设备用工业机器人

金属电镀设备用工业机器人主要用于在电镀槽上的服务及涂漆作业。 涉及的应用领域包括：电镀法涂层、化学法涂层、阳极机械法在零件上涂层等。 目前，提高金属电镀机器人操作机的移动速度、提高电传动的劳动生产率、减少金属消耗量、减少生产过程所占的工作面积等是该类工业机器人的发展方向。

同样，在工业机器人研究领域，学者们正朝着模糊控制、智能化、通用化、标准化、模块化、高精化、网络化及自我完善和修复能力等方向进行研发。

（1）模糊控制和智能化

模糊控制是利用模糊数学的基本思想和理论的控制方法。对于复杂的系统，由于变量太多，用传统控制模型难以正确描述系统的动态，此时便可以用模糊数学来处理这些控制问题。未来机器人的特点在于其具有更高的智能。随着计算机技术、模糊控制技术、专家系统技术、人工神经网络技术和智能工程技术等高新技术的不断发展，工业机器人的工作能力将会有突破性的提高及发展。

（2）通用化、标准化、模块化

工业机器人的组件及构件实现通用化、标准化、模块化是降低成本的重要途径之一。

（3）高精化

随着制造业对机器人要求的提高，开发高精度工业机器人是必然的发展结果。

（4）网络化

目前应用的机器人大多仅实现了简单的网络通信和控制，如何使机器人由独立的系统向群体系统发展，实现远距离操作监控、维护及遥控是目前机器人研究中的热点之一。

（5）自我完善和修复能力

机器人应该具有自我修复的能力，才能更好地避免因为突发状况导致的生产停顿。当出现错误指令时，应该自己进行报警或调试；当元器件损坏时，可以自我进行修复。

1.4 本书的主要内容与特点

1.4.1 主要内容

全书共由6章组成，分别是：第1章导论；第2章工业机器人整体设计；第3章工业机器人的结构与驱动；第4章工业机器人控制装置；第5章典型工业机器人结构设计；第6章工业机器人零部件结构设计。其主要内容构架如图1-1所示。

第2章工业机器人整体设计，主要内容为机器人总体设计方案制定与设计流程，工业机器人的基本参数及工业机器人的配置等。通过基本概念介绍、专用术语描述及基础应用论述，以表达工业机器人的系统性，明确机器人设计的复杂性及位置的多面性，为工业机器人的设计与应用提供基础。

第3章工业机器人的结构与驱动，主要内容为工业机器人的通用部件，工业机器人的典型部件及工业机器人的装置与驱动等。首先，通过滚珠导轨及滚柱导轨，滚珠丝杠-螺母传动等基本机构，介绍通用部件在工业机器人中的重要性。其次，通过操作机杆件回转用电驱动装置，手臂用齿轮减速器机构，电驱动的提升机构等专用机构，理解典型部件在工业机器人中的多样性。再次，通过工业机器人用电动机及工业机器人用成套电动装置分析，明确工业机器人驱动装置的多面性及发展方向。本章对工业机器人的结构与控制起着桥梁作用，并为工业机器人操作机设计提供动力特性。

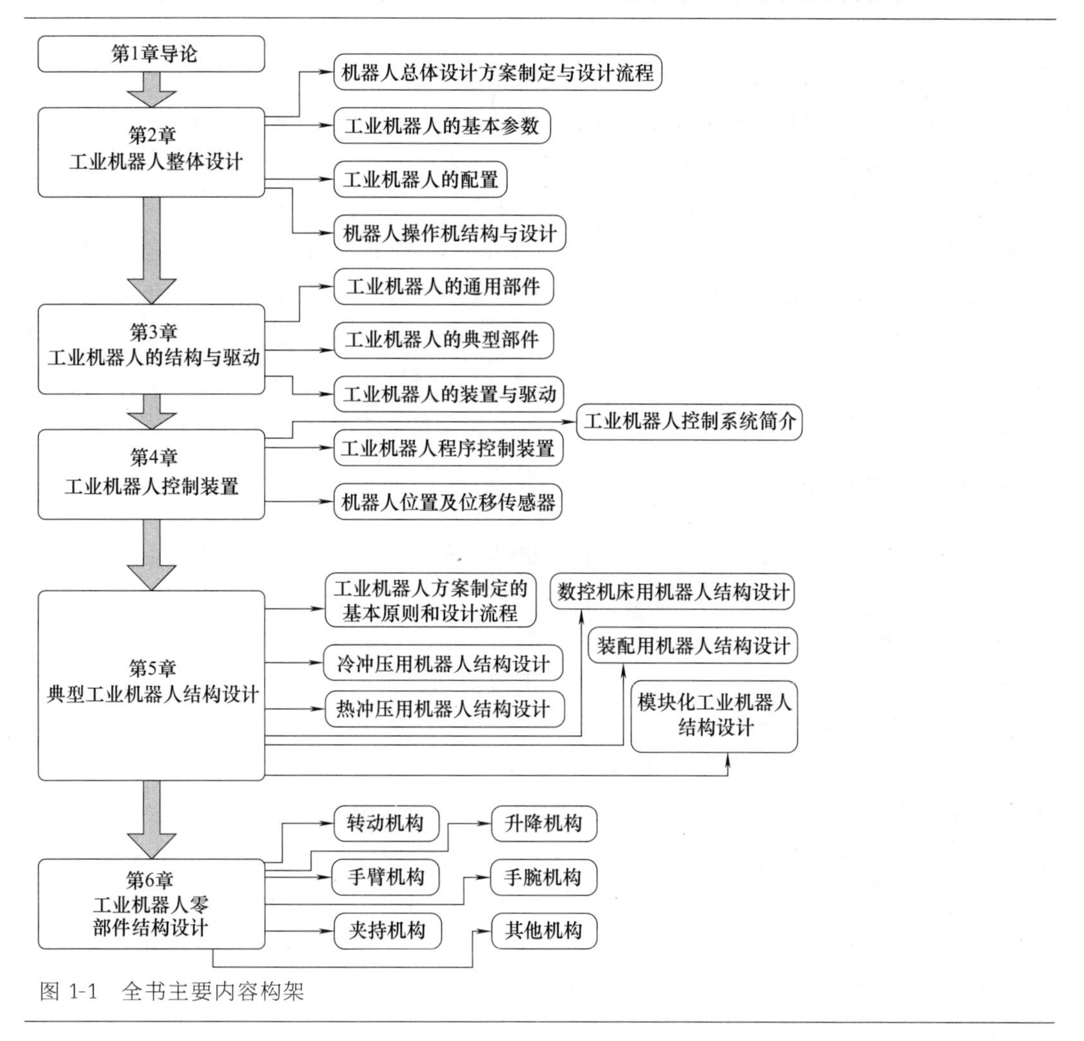

图 1-1　全书主要内容构架

第 4 章工业机器人控制装置，主要内容为工业机器人控制系统简介，工业机器人程序控制装置，机器人位置与位移传感器。 首先，简要介绍了典型工业机器人控制系统硬件结构，机器人控制系统的功能、实现过程、控制方式和基本要求；其次，对单片机系统、可编程控制器及工业控制计算机的机构、原理及应用实例进行分析；最后，通过机器人位置与位移传感器对内、外传感器进行分类说明。 本章给出了控制系统功能特性，将对机器人控制装置的设计和应用具有指导作用。

第 5 章典型工业机器人结构设计，主要内容为冷冲压用机器人结构设计，热冲压用机器人结构设计，数控机床用机器人结构设计，装配用机器人结构设计，模块化工业机器人结构设计等。 各节分别就机器人特征要求、机器人方案制定与设计流程、机器人运动原理及机器人结构设计等进行了较详细的论述。 首先，通过机器人特征要求的提出，明确工业机器人的基本特性，并为机器人方案制定提供基础信息。 通过机器人方案制定与设计流程，实施特定机器人的概念设计，进一步明确机器人的方案、应用及后续的主要工作。 其次，通过机器人运动原理研究，明确机器人主要部件运动及控制方式，进行原动机选择、传动链计算、指令编写等系列繁杂工作。该项工作是机器人结构设计的重要基础之一。之后，通过对机器人结构设计的进一步分析研究，以保证机器人的运动执行、动力传递，满足工业机器人整体设计与控制的基本要求。本章是工业机器人操作机整机设计的重要组成部分，是机器人由概念设计到零部件、详细设计的重要依据。该项工作的结果决定着后续工作的成败。

第6章工业机器人零部件结构设计，主要内容为转动机构、升降机构、手臂机构、手腕机构、夹持机构等。各节分别就机构设计流程、机构原理、机构结构与分析等进行了较详细的剖析。本章是机器人操作机详细设计部分，是机器人由整机设计到零部件、详细设计的实施阶段。许多关键件、专用件需要进行刚度设计、强度校核、寿命校核及优化设计等，该项设计任务的工作量大、工艺性强、设计难度大。因此，进行该项设计时，需要借助多方面的先进理论、方法及工具，才能高质量地完成任务。

1.4.2 主要特点

《工业机器人及零部件结构设计》以工业机器人及零部件结构设计为主，对多种类型机器人的整体结构、零部件结构进行设计分析与研究。同时该书注重工业机器人的系统性，兼顾理论要点，对机器人系统进行理论分析。

书中采用工程图例的方式对工业机器人的设计问题进行阐述，力求从简明的图例中较全面地理解复杂的设计问题。

① 始终坚持理论联系实际。根据由生产和应用中提出的工业机器人特征要求，着手机器人系统及工业机器人零部件的分析研究，并针对提出的问题，在进行必要的工艺分析基础上给出适当的改进与防范措施。

② 不强求设计要素的完整性及完美性。为了使问题的阐述重点突出、图面清晰，文中图形仅对具体表述的部分进行显示，去掉了无关的和不重要的要素，同时，这或许会给阅读和理解带来某些困难。

③ 简明扼要的写作风格。针对特定机器人系统、驱动装置、零部件或具体结构，着重从其设计或工艺性的角度进行分析和论述，省略了部分相关部件和环节的表达。

本书涉及较宽广的知识面，其理论性与实践性结合紧密，如何将理论知识、现场经验与工程技术人员的智慧结合起来，合理地设计及选用机器人，还需要作者在今后的研究、学习与实践中不断地探索与提高。

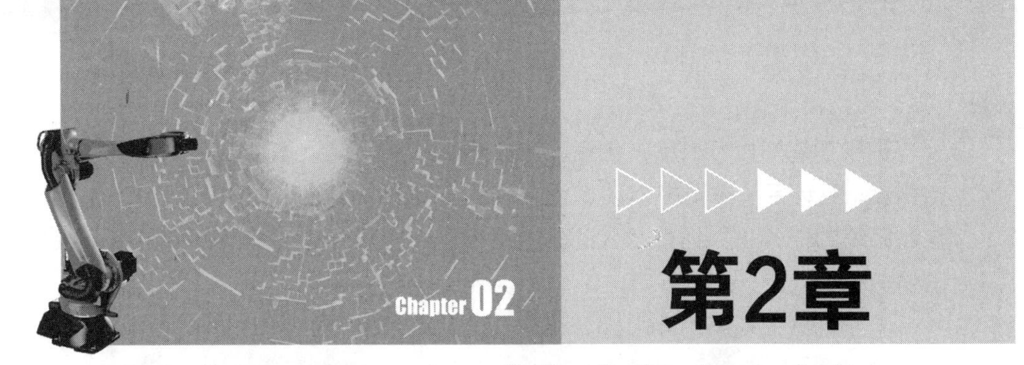

工业机器人整体设计

机器人设计是一项复杂的工作，其工作量大、涉及的知识面很广，往往需要多人共同完成。机器人设计是面向客户的设计，而不能闭门造车；设计者需要同用户共同探讨、不断地全面分析用户的要求，并寻求和完善解决方案。机器人设计是面向加工的设计，设计者需要掌握大量的加工工艺及加工手段，因为再好的设计，如果工厂不能加工出产品，其设计也是失败的。随着科学技术的发展及社会需求的变化，机器人设计将是一个不断完善的过程。

2.1 机器人总体设计方案制定与设计流程

2.1.1 总体设计方案制定

总体设计方案的制定包括确定工业机器人系统组成、建立坐标系、确定运动模式等。

（1）工业机器人系统组成

工业机器人一般由机械系统、驱动系统和控制系统三个基本部分组成，如图 2-1 所示。

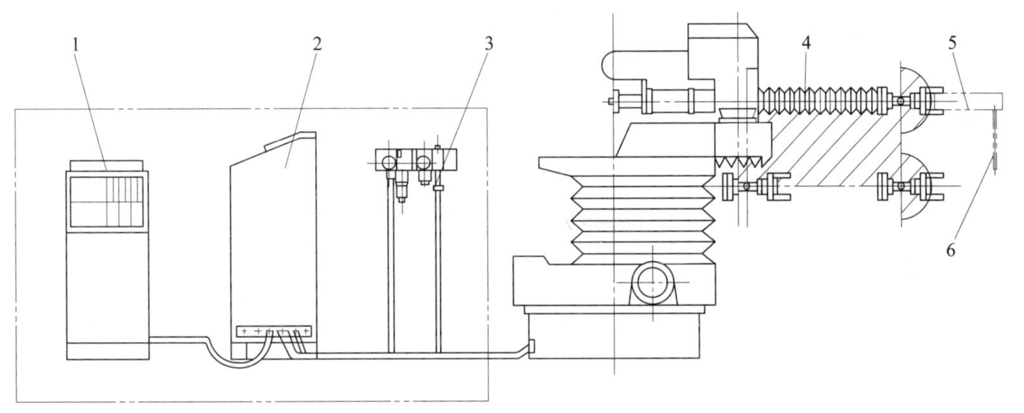

图 2-1　工业机器人系统组成

1—电驱动配套件；2—程控装置；3—气压组件；4—机器人主体；5—工件；6—外轴

机械系统即执行机构，包括基座、臂部和腕部，大多数工业机器人有 3 ~ 6 个运动自由度；驱动系统主要指驱动机械系统的驱动装置，用以使执行机构产生相应的动作；控制系统的任务是根据机器人的作业指令程序及从传感器反馈回来的信号来控制机器人的执行机构，使其完成规定的运动和功能。

工业机器人系统的外围部分还包括工件及外轴等。

（2）建立坐标系

为了精确、系统地描述机器人各单元之间的相互关系和作用，实现机器人精准控制，需要建立机器人坐标系。目前常用的坐标系形式主要包括基坐标系、大地坐标系、工件坐标系及工具坐标系等。

① 基坐标系　基坐标系的建立方式如图 2-2 所示。

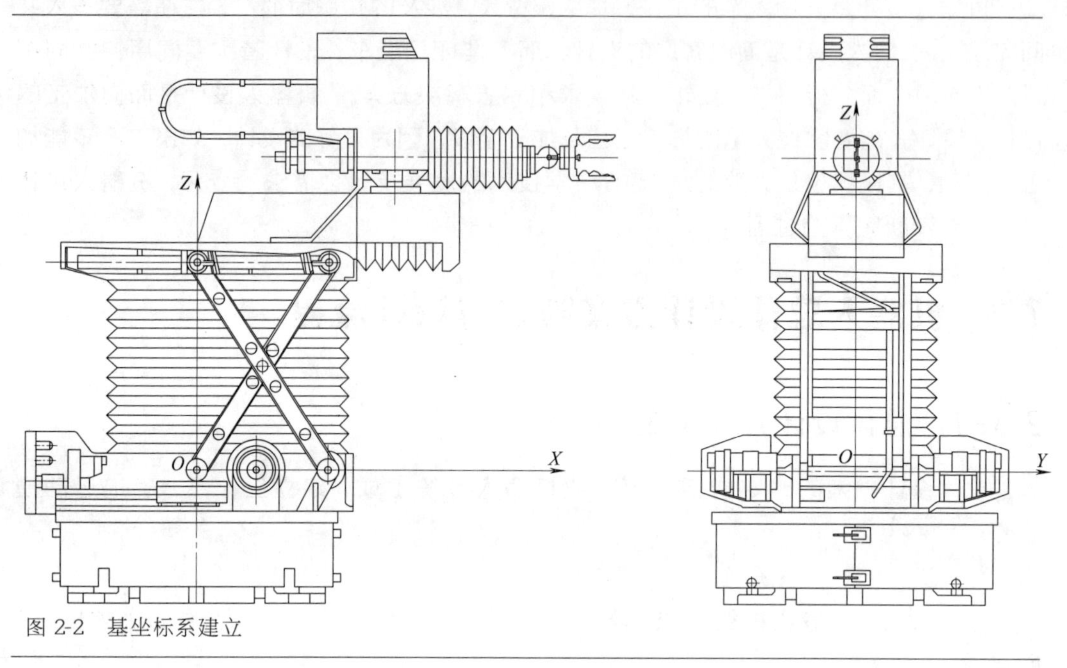

图 2-2　基坐标系建立

基坐标系位于机器人基座。基坐标系在机器人的基座中有相应的零点，使用该方式，机器人的移动具有可预测性，对于将机器人从一个位置移动到另一个位置时很有帮助。

② 大地坐标系　大地坐标系的建立方式如图 2-3 所示。

大地坐标系在工作单元或工作站中的固定位置均有其相应的零点。这有助于处理若干个机器人或由外轴移动的机器人工作。在默认情况下，大地坐标系与基坐标系是一致的。

③ 工件坐标系　工件坐标系的建立方式如图 2-4 所示。

工件坐标系是拥有特定附加属性的坐标系。它的主要功能是简化编程，工件坐标系拥有两个框架：用户框架（与大地基座相关）和工件框架（与用户框架相关）。

④ 工具坐标系　工具坐标系的建立方式如图 2-5 所示。

工具坐标系将工具中心点（Tool Center Point，简称 TCP）设为零位，由此定义工具的位置和方向。执行程序时，机器人就是将 TCP 移至编程位置。这意味着，如果要更改工具，机器人的移动也将随之更改，以便新的 TCP 可以到达目标。

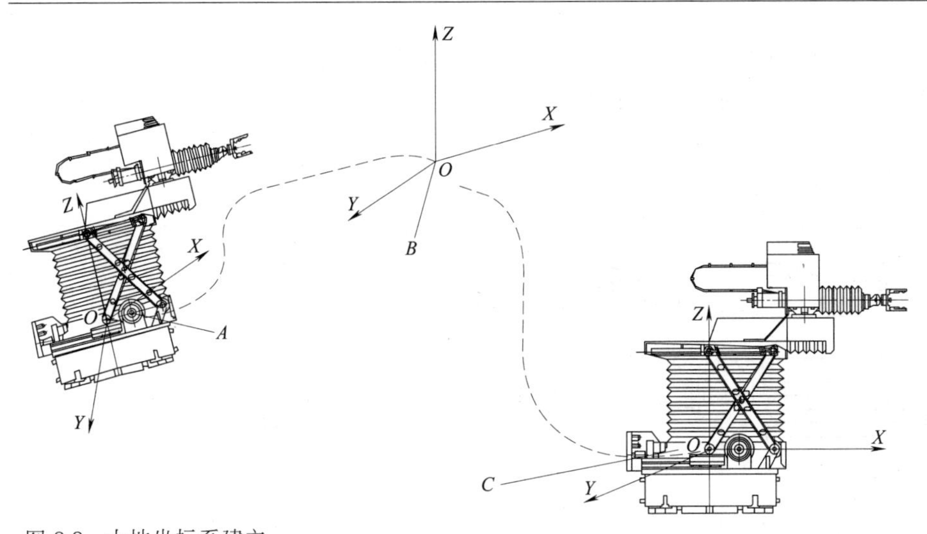

图 2-3 大地坐标系建立

A—机器人 1 的基坐标系；*B*—大地坐标系；*C*—机器人 2 的基坐标系

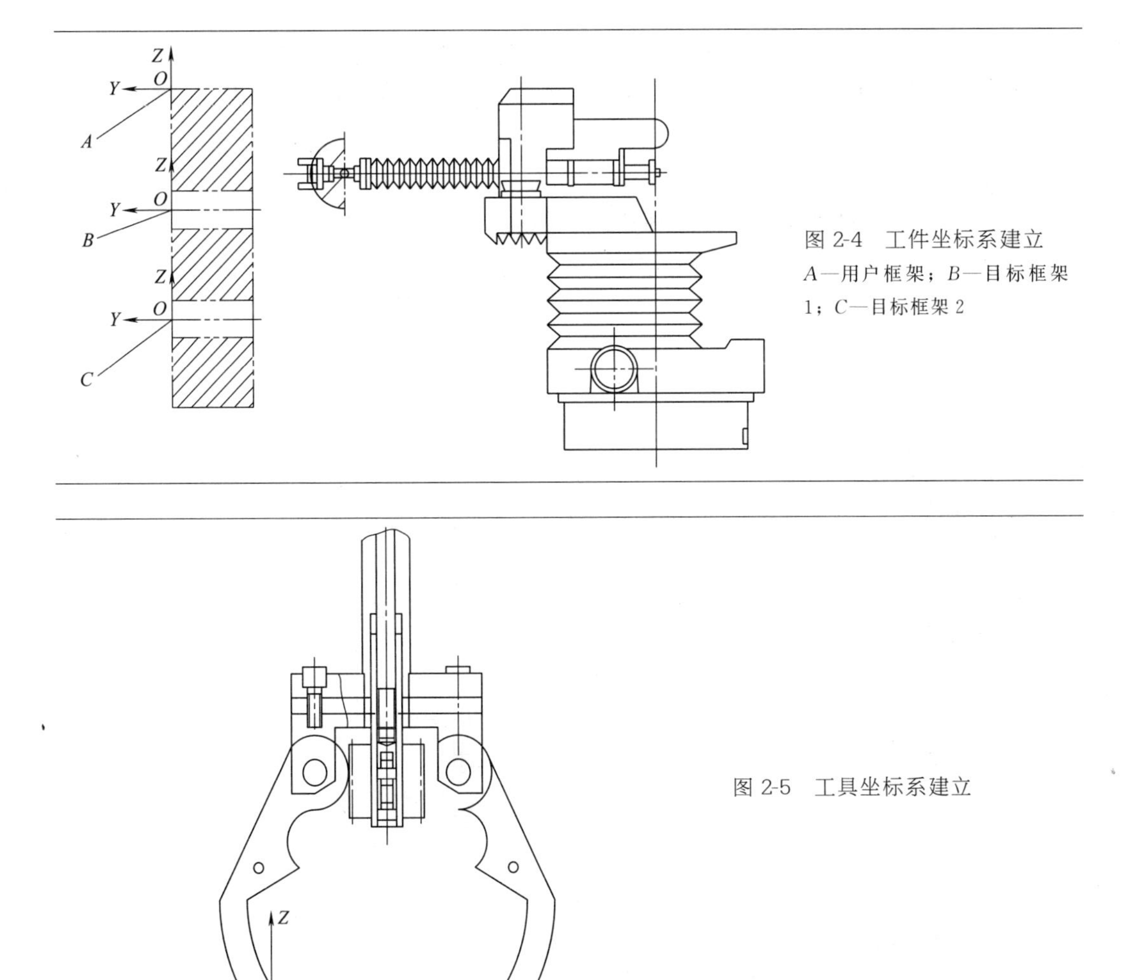

图 2-4 工件坐标系建立

A—用户框架；*B*—目标框架 1；*C*—目标框架 2

图 2-5 工具坐标系建立

（3）确定运动模式

机器人运动模式包括单轴运动模式、线性运动模式及重定位运动模式。

① 单轴运动模式　单轴运动模式如图 2-6 所示。

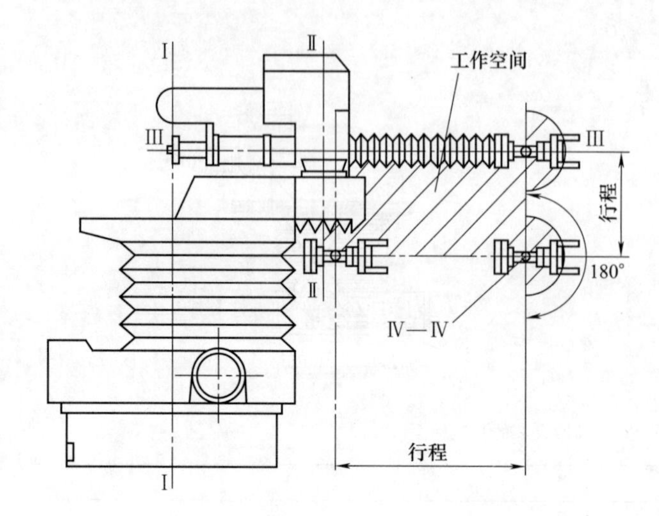

图 2-6　单轴运动模式

单轴运动即为单独控制某一个关节轴运动，机器人末端轨迹难以预测，一般只用于移动某个关节轴至指定位置、校准机器人关节原点等场合。

例如，转动：绕垂直轴Ⅰ—Ⅰ；绕垂直轴Ⅱ—Ⅱ；绕轴Ⅲ—Ⅲ；绕轴Ⅳ—Ⅳ。

移动：沿水平轴Ⅲ—Ⅲ移动；沿轴Ⅰ—Ⅰ移动。

② 线性运动模式　线性运动模式如图 2-7 所示。

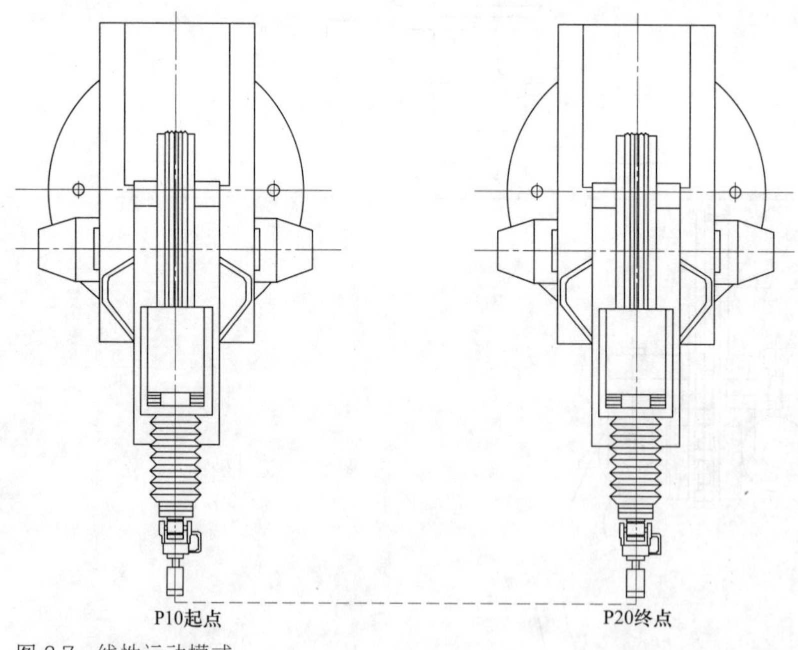

图 2-7　线性运动模式

线性运动即控制机器人 TCP 沿着指定的参考坐标系的坐标轴方向进行移动，在运动过程中工具的姿态不变，常用于空间范围内移动机器人 TCP 位置。

③ 重定位运动模式　重定位运动模式如图 2-8 所示。

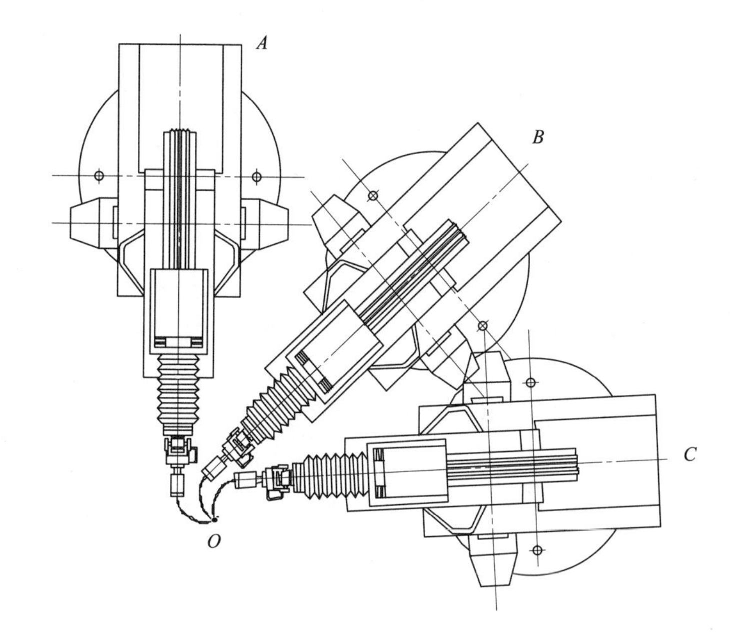

图 2-8　重定位运动模式

一些特定情况下，需要重新定位工具的方向，使其与工件保持特定的角度，以便获得最佳效果，例如在焊接、切割、铣削等应用中。当将工具中心点微调至特定位置后，在大多数情况下，需要重新定位工具方向，定位完成后，将继续以线性动作进行微动控制，以完成路径和所需操作。

当工具在图 2-8 所示的 A、B、C 不同位置时，O 点就是重定位位置。

2.1.2　机器人设计流程

工业机器人的设计与大多数机械设计过程相似，具体到机器人产品，如何保证设计的协调性、规范性，首先需要明确机器人的使用要求，即能实现哪些功能、活动空间（有效工作范围）有多大，接下来要做的是确定设计任务。

确定设计任务是一个相对复杂的过程，如机械结构模型的建立、运动性能的计算等。对于设计流程的制定不应强求一致，但应有明确的规则。

机器人设计流程可以用图 2-9 表示。

图 2-9 仅示出了机器人设计流程所涉及的主要内容，在制定机器人设计流程时，还要涉及制作机械传动图、运动分析图，制定动作流程表，确定传动功率、控制流程和方式，设计计算、草图绘制、材料选择、加工工艺及程序编写等。另外，在分析机器人的使用要求时，还需要参考机器人的应用领域，如金属切削机床用机器人、垛码机器人、包装机器人、焊接机器人等。

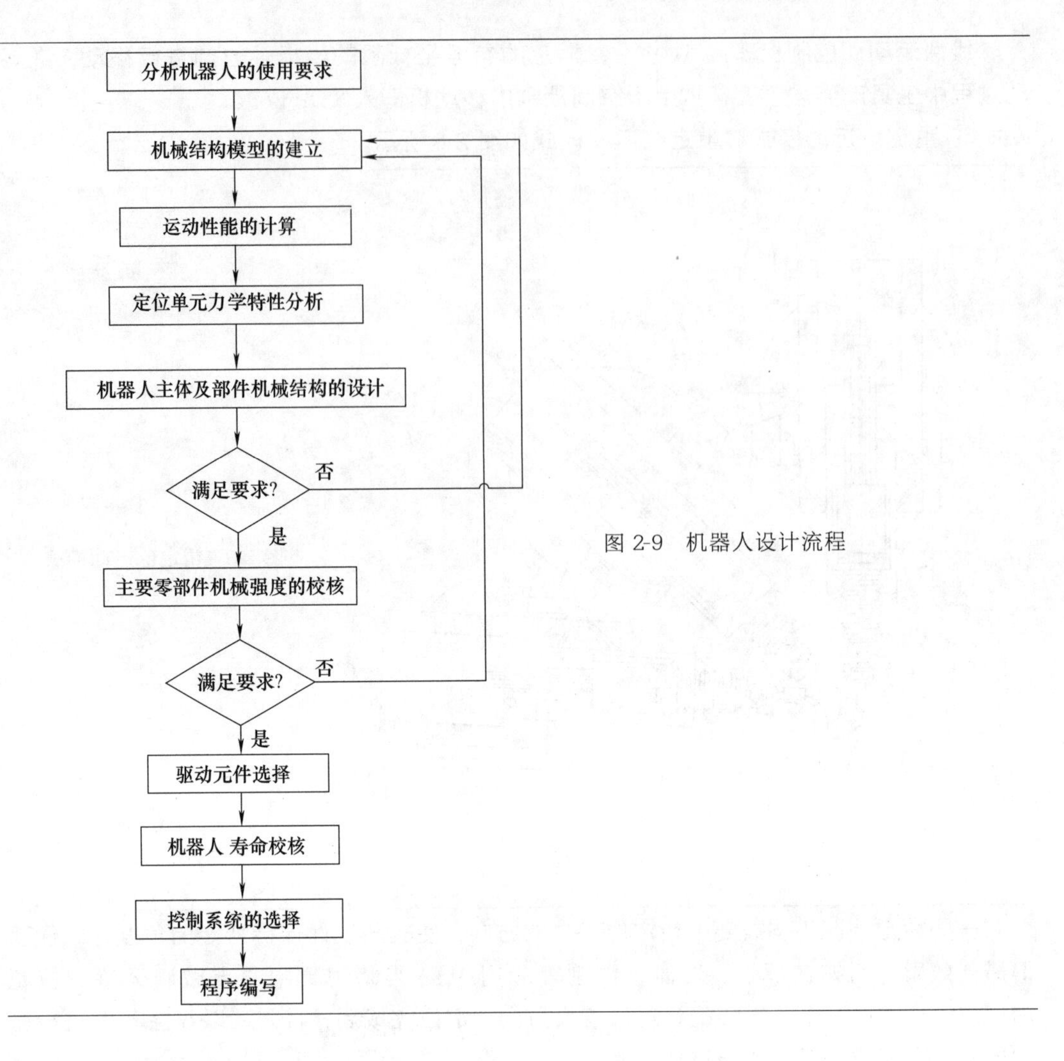

图 2-9　机器人设计流程

2.2　工业机器人的基本参数

2.2.1　工业机器人的基本技术参数

工业机器人的技术参数或技术特性是以工业机器人的用途、应用范围和生产条件为基础的。 工业机器人的结构及工艺性取决于承载能力、自由度、工作空间、定位误差和控制系统形式等基本参数。

由于工业机器人的种类、用途以及用户要求不尽相同，所以机器人的技术参数不同。 但工业机器人的主要技术参数通常包括自由度、精度、作业范围、最大工作速度和承载能力等。

（1）自由度

自由度（degree of freedom）是指机器人所具有的独立坐标轴运动的数目。 机器人的一个自由度对应一个关节，所以自由度与关节的概念是相等的。 自由度是表示机器人动作灵活程度的参数，自由度越多就越灵活，但结构也越复杂，控制难度也越大，所以机器人的自由度要根据其用途恰当设计。

（2）定位精度和重复定位精度

定位精度和重复定位精度是机器人的两个精度指标。定位精度是指机器人末端执行器的实际位置与目标位置之间的偏差，它是由机械误差、控制算法与系统分辨率等部分组成。重复定位精度是指在同一环境、同一条件、同一目标动作、同一命令之下，机器人连续重复运动若干次时，其位置的分散情况，是关于精度的统计数据。因重复定位精度不受工作载荷变化的影响，故通常用重复定位精度这一指标作为衡量示教再现工业机器人水平的重要指标。

（3）作业范围

作业范围是机器人运动时手臂末端或手腕中心所能到达的所有点的集合，也称为工作区域。由于末端执行器的形状和尺寸是多种多样的，为真实反映机器人的特征参数，故作业范围通常是指不安装末端执行器时的工作区域。作业范围的大小不仅与机器人各连杆的尺寸有关，而且与机器人的总体结构形式有关。

作业范围的形状和大小十分重要，机器人在执行某作业时或许会因手部不能到达的盲区（dead zone）而不能完成任务。

（4）最大工作速度

关于“最大工作速度”的定义，需要在技术参数中加以说明。如有的指工业机器人主要自由度上最大的稳定速度，有的则指手臂末端最大的合成速度。最大工作速度越高，其工作效率就越高。但是，工作速度越高就要花费更多的时间加速或减速，或者对工业机器人的最大加速率或最大减速率的要求就更高。

（5）承载能力

承载能力是指机器人在作业范围内的任何位姿上所能承受的最大质量。承载能力不仅取决于负载的质量，而且与机器人运行的速度、加速度的大小和方向有关。计算承载能力时，不仅指负载质量，也包括机器人末端执行器的质量，并且承载能力这一技术指标是指高速运行时的承载能力。工业机器人的承载能力是根据工艺装备的基本组成和各种不同重量的加工零件分布情况的分析结果而制定的。如当操作机采用多手臂和多夹持器时，其技术特性在指出总承载能力的同时，还要指出一只手臂（一个夹持器）的承载能力。

2.2.2 工业机器人的基本特征参数

工业机器人型号通常采用“字母+数字代号”的形式来表示。其特征参数涉及机器人的应用、工作半径、负载能力、安装方式、精度需求、节拍需求及温度、湿度、噪声等。

（1）行业应用

工业机器人在某些行业，如码垛、弧焊、点焊、喷涂、拾料等应用中均有其基本特征参数。

（2）机器人工作半径

工作半径作为工业机器人的基本特征参数时，表示工业机器人的工作范围，图 2-10

中示出了机器人的最大、最小工作半径及工作角度范围。

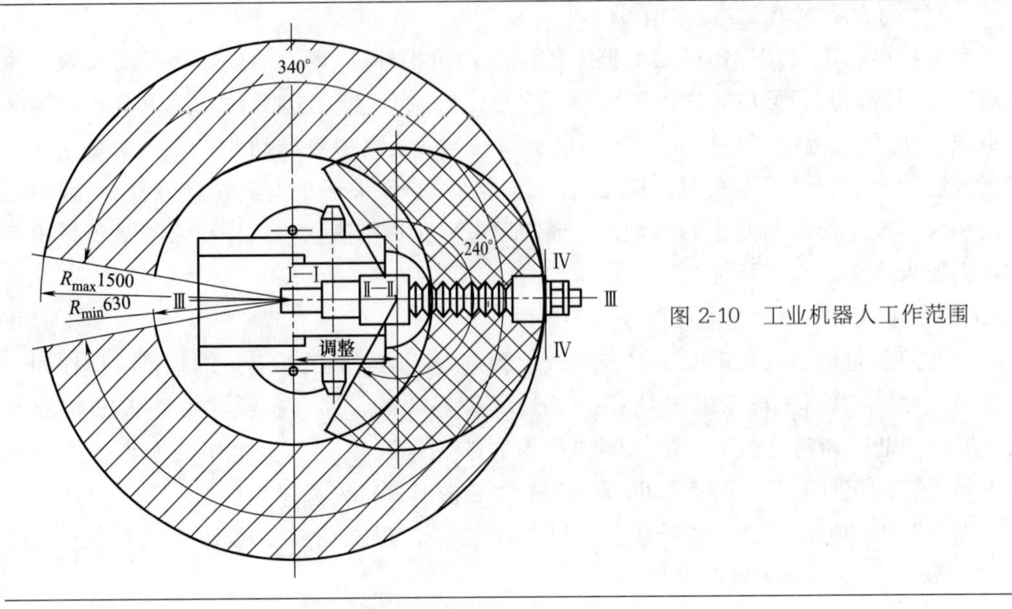

图 2-10 工业机器人工作范围

（3）负载能力（如末端负载、手臂负载）

负载能力作为工业机器人的基本特征参数时，主要指末端负载、手臂负载。图 2-11 和图 2-12 为某工业机器人的载荷图，分别示出了机器人手臂、垂直腕在一定的工作位置时所能承受的载荷数值。

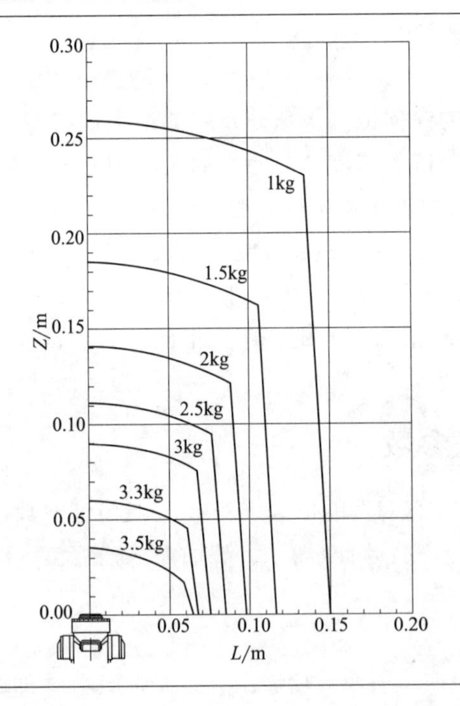

图 2-11 机器人手臂载荷图

（4）安装方式

安装方式作为工业机器人的基本特征参数时，主要指如落地、壁挂、倒置、倾斜等安装方式。

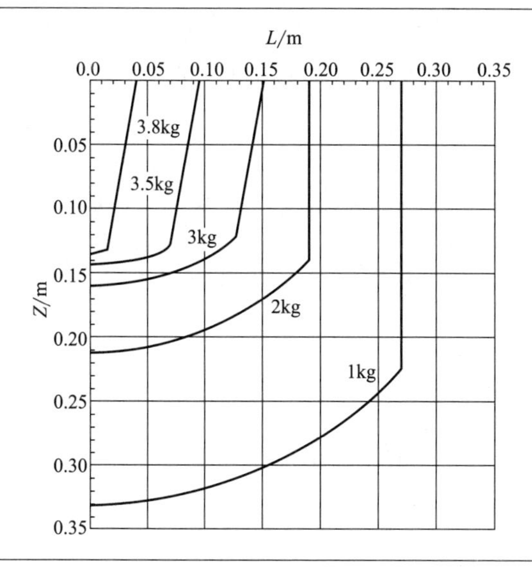

图 2-12　垂直腕载荷图（±10°）

（5）精度需求

精度作为工业机器人的基本特征参数时，主要指定位、重复、路径等精度。 如为说明工业机器人的精度，图 2-13 中示出了某一具体型号机器人的精度表示，表 2-1 给出了相应的数值。

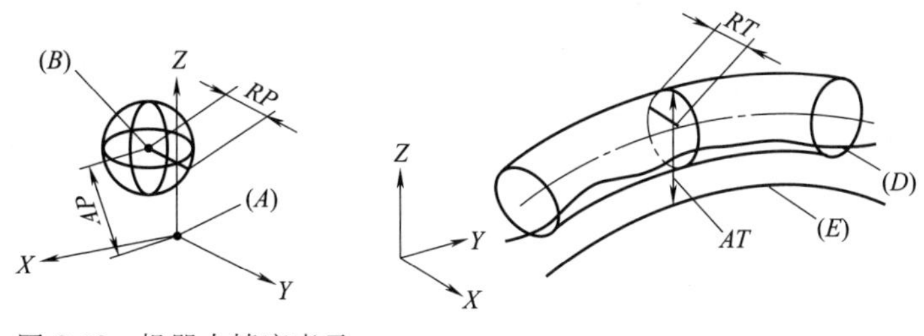

图 2-13　机器人精度表示

表 2-1　精度特征　　mm

精度特征描述	数值
位姿可重复性，RP	0. 01
位姿精确度，AP	0. 02
线性路径可重复性，RT	0. 07 ~ 0. 16
线性路径可重复性，AT	0. 21 ~ 0. 38

（6）节拍需求

节拍作为工业机器人的基本特征参数时，主要用于机器人运动或时间控制。

（7）防护等级

防护等级作为工业机器人的基本特征参数时，主要指防尘等级、防水等级。 通过标定防护等级，以确保机器人与作业环节的匹配。 当用户投资购置机器人时，一套清晰的界定标准可以帮助用户确保生产安全，提高生产效率及更准确地评估设备预期寿命。当机器人经常工作在严苛环境下时，将对其防侵蚀能力提出很高的要求。

（8）温度、湿度、噪声

工业机器人的基本特征参数还包括温度、湿度、噪声等。

除了工业机器人的基本特征参数外，目前，机器人作为先进制造设备时，其主要特征还应包括：①仿生特征。模仿人的肢体动作。②自动特征。自动完成作业任务。③柔性特征。对作业具有广泛适应性。④智能特征。具有对外界的感知能力。

2.3 工业机器人的配置

工业机器人的配置是指工业机器人机构的构成。即使同一组操作机也可能有不同的结构形式，即对应不同的配置。

2.3.1 机械结构

机器人是生产线的核心组成部分，属于执行机构。机器人包括本体、机械手等。机器人的关联设备有控制系统，包括主控电柜、操作电柜、接线盒、气源及分配器、液压站等；也包括安全围栏、安全门、安全光栅、安全门锁、踏脚板等辅助设备。机器人对运行速度、定位精度、回转自由度等工作状况参数均有要求，是集检测、定位、夹紧、回转、松开、移动于一体的智能化设备。

当对机器人的位置进行布置时，首先应考虑机器人系统的组成、工作状况及与其他设备的关联情况。如线路布置时注意将电缆线、控制线、气管、油管等分开布置，对于桥架结构或线槽应布置整齐、固定可靠、线路最短，且防潮、防油、防干涉及防磕碰。对于粉尘作业的机器人，还要加装防尘设施等。

机器人的机械结构配置可以由下列特征来决定。

① 机动性　分固定和可动两种情况。

② 支承系统的形式和结构　包括门架式、落地式、轨道式。

③ 手臂数目　包括单手臂、双手臂、多手臂；且与手腕运动自由度有关。

④ 夹持器　主要指标为夹持器数目。

由此，机器人机械结构的合理配置和结构形式应根据工业机器人的用途和它与具体工艺装备配合的特点来选择或设计。

2.3.2 运动性能/运动协同/运动功能/运动监控

（1）运动性能配置

运动性能配置主要有运动优化、手腕运动和绝对精度。

① 运动优化。在精密的小图形处理过程中，能够补偿各个关节轴的摩擦力，从而提高机器人轨迹精度。该性能在小圆切割、涂胶等应用中能显著提高轨迹精度。

② 手腕运动。通过提供机器人运动的插补算法，可限制关节轴的运动，从而只允许某 2 个关节轴运动，从而减小在运动过程中的摩擦力影响，提高轨迹精度；只针对

小图形轨迹应用，限制最大支持半径；可提高机器人的运动速度；可以提供轴组合模式；该性能在小圆切割、涂胶等应用中能显著提高轨迹精度。

③ 绝对精度。可以提供一种机器人校准概念，保证 TCP 在机器人整个工作范围内达到一定要求的位置精度；随机提供校准参数以及校准证明。应用该性能时，机器人的目标位置无需重新定位；并且在离线编程后，可以减少在真实机器人中的修补工作量。

（2）运动协同

运动协同配置主要包括多机械单元协调运动和输送链跟踪。

① 多机械单元协调运动功能。可以支持多项运动任务、支持多种协同模式。

应用：多机器人独立运动；多机器人对同一个运动工件进行处理；一个机器人握持工具，一个机器人握持工件，协同处理。

② 输送链跟踪功能。通过输送链跟踪板卡可以同时跟踪多个工件，同时支持圆弧跟踪。

应用：喷涂跟踪；拾料跟踪；线性跟踪；圆弧跟踪；步进跟踪。

（3）运动功能

运动功能配置主要有区域监控功能、关节轴独立功能和路径恢复功能。

① 区域监控功能。可设置不同类型的空间区域或关节区域，当机器人 TCP 关节轴进入或者离开区域时，可选择置位信号或者停止运动。对于临时性区域，可通过程序激活或失效；对于固定性区域，机器人启动后自动激活，不能失效。

应用：多机器人在干涉区域内防止碰撞；机床上下料中防止机器人与机床发生碰撞；机器人到达特定位置时自动发信号与周边设备进行通信。

② 关节轴独立功能。即机器人在运动过程中，可以使某个关节轴或外轴处于独立运行模式，并具有重新标定关节轴原位的功能。

应用：连续旋转多轴进行抛光打磨；机器人运动过程中，外轴单独执行其他任务，节约时间；关节轴旋转数周后，重新标定原点，节约了反转复位的时间。

③ 路径恢复功能。即机器人在运动过程中，可以记录当前运动轨迹，当发生错误或者中断时，可原路返回，之后可恢复至停止位置继续当前轨迹运行。

应用：如焊接、涂胶过程中，发生故障并排除后能够继续执行原先轨迹；在复杂运动空间内发生故障后，机器人仍然能够按照进入的轨迹原路返回，防止发生碰撞。

（4）运动监控

运动监控配置主要指碰撞监控功能。即在机器人手动移动或者自动运行过程中，当机器人检测到外力达到设定的限值时，机器人会报警停机，并反向移动一定距离，用以释放当前压力。可自由设置限值，并且可通过指令进行动态设置。

应用：如在易碎物料搬运过程中，可以减小碰撞监控限值，避免损坏物料。

2.3.3 通信工具/工程工具/应用工具

进行通信工具 / 工程工具 / 应用工具的配置时，应首先考虑用户的特殊需求，再进行适应性配置，下面是常用的配置方法。

（1）通信工具配置

通讯工具配置主要有以下几个方面。

① PC 端通信接口。 即通过网络连接实现机器人与 PC 端的通信，并可以进行二次开发。

应用：PC 端二次开发、视觉系统通信。

② 示教器端通信接口。 可进行二次开发。

应用：示教器二次开发用户界面。

（2）工程工具配置

工程工具配置主要指多任务处理功能。

应用：机器人在执行运动任务期间，后台任务与其他设备实时进行数据通信。

（3）应用工具配置

应用工具配置主要有以下几个方面。

① 拾料软件。 如 PC 端运行，并实时与机器人进行通信。 支持多机器人、多视觉系统。

应用：视觉分拣、拾料应用。

② 力控功能。 力控功能需要配合力控传感器装置；力传感器可安装在机器人法兰盘处或者固定安装。

应用：不规则工件的打磨抛光、装配。

③ 切割功能包。 如一般切割、单任务激光切割、标准激光切割。 提供示教器端切割界面；提供集成式的标准图形指令；提供标准的激光切割界面以及接口；提供用户自定义非标 2D、3D 图形功能。

应用：水切割、激光切割、等离子切割等。

④ 码垛功能包。 即码垛图形化编程配置。 如托盘搬运功能、PLC、标准夹具等。

应用：多品种、小批量码垛。

2.4 机器人操作机结构与设计

目前，新型工业机器人具有基本组合模块结构的特点，这样便可以得到基本型号的变形结构，为机器人的设计提供方便。 即使如此，机器人操作机结构与设计，仍然应该进行以下工作。

① 明确与机器人相关联的工艺装备、检测设备等对操作机结构的影响因素。

② 绘制机器人总体布置方案图，在图中明确机器人操作机的具体位置。

③ 分析机器人的特征参数、相关工艺参数及技术要求，设计机器人结构简图，进行机器人操作机的设计。

④ 机器人操作机设计初稿完成后，必须满足其基本功能需要。

⑤ 进行机器人操作机结构的详细设计、工艺设计等。

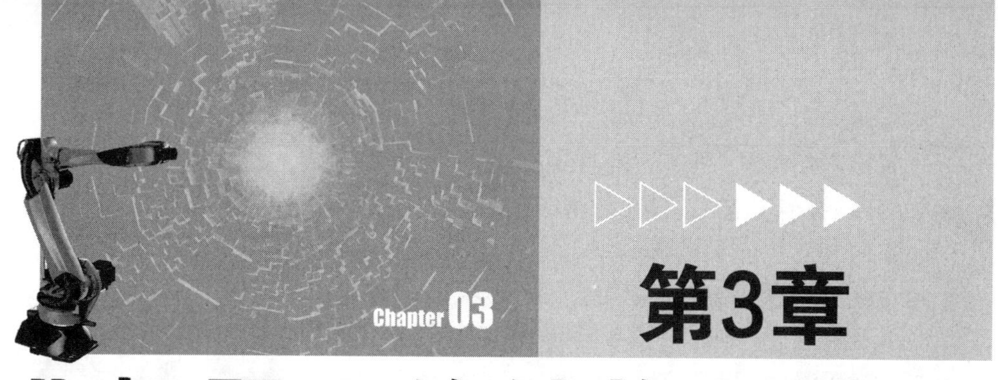

工业机器人的结构与驱动

工业机器人的结构与驱动系统可以由多种机构构成，包括液压驱动、气压驱动及电驱动等。

（1）液压驱动

液压驱动系统通常是由液压传动系统和液压控制系统所组成，两者的结构和工作原理并无本质差别，但在设计内容上，前者侧重静态性能设计，而后者除了静态性能外，还包括动态性能设计。通常液压传动系统的设计内容与方法，只要略作调整即可直接用于液压控制系统的设计。

液压传动系统的设计与主机的设计是紧密联系的，两者往往同时进行。所设计的液压系统首先应满足主机的拖动、循环要求，其次还应符合结构组成简单、体积小、重量轻、工作安全可靠、使用维护方便、经济性好等公认的设计原则。实际设计工作中，往往将追求效能和追求安全两者结合起来，融合流程来设计液压传动系统。但在实际工作中，此流程并非一成不变，而应根据各类主机设备对系统要求的不同灵活掌握。

液压系统设计的步骤大致如下：①明确设计要求，进行工况分析。②设计液压系统方案。③计算液压系统主要参数。④绘制液压系统工作原理图。⑤计算和选择液压元件。⑥验算液压系统性能。⑦设计液压装置结构。⑧绘制工作图，编制技术文件，并提出电气系统设计任务书。

根据液压系统的具体内容，上述设计步骤可能会有所不同。

（2）气压驱动

气压驱动系统的组成大致与液压驱动系统相似，可分为以下几个部分：①动力源，即空气压缩机或空气压缩站，供给气压系统所需要的压缩空气。②执行机构，即各种气缸。③控制调节装置，即各种（流量、压力、方向）控制阀。④辅助元件，即储气罐、气动三大件（分水滤气器、减压阀、油雾器）、压力表和管路等。气压驱动机械手的有关计算（传动力、速度等），基本与液压驱动的有关计算相同。

气压驱动系统的有关参数选择包括调速方法的选择、控制元件的选择和辅助装置的选择等。

气缸的调速方法主要有以下几种选择：①用电磁换向阀的排气口节流调速。②用快速排气阀的排气口节流调速。因其排气阀的阀口比较大，换向快，所以如果把它装置在最接近气缸处，则可加快启动速度。③在进气路或排气路上装置单向节流阀调速。应当注意，采用节流调速时，应尽可能用排气节流，而不用进气口节流。因为排气节流可使气缸产生背压，可提高工作的平稳性。④采用气液联合传动实现调速。因为油缸一端可以加入单向阀或采用端部阻尼结构，借以调速。

气动三大件已有系列产品生产和供应，选用时应使三大件的公称流量大于电磁阀的公称使用流量，以补偿压力损失。

储气罐的容积选择可根据机械手一个运动循环的压缩空气消耗量的三倍以上的容量进行选取和设计，以此保证当切断气源时机械手至少还能维持一个动作循环，以恢复其初始位置状态。

因为管路内径既和压缩空气的流量有关，又和压缩空气流动时的阻力损失有关，因此，选择总导气管可和空气压缩机排气管孔径相同，而各控制阀和气缸间的导气管可和阀的孔径相同。

有关机械手配件可以参考相关手册。

（3）电驱动

电驱动是最常应用的驱动方式。

工业机器人结构与驱动包括计算与设计两方面的内容。工业机器人的电驱动需要计算的内容包括：①电机功率；②电机扭矩；③电机转速；④减速机减速比；⑤电机惯量/负载惯量的匹配关系。

工业机器人驱动系统主要指机械系统的驱动装置，它用以使执行机构产生相应的动作。工业机器人驱动系统也常指伺服驱动系统。

本章将在工业机器人的通用部件、工业机器人的典型部件、工业机器人的装置与驱动等几个方面阐述工业机器人的结构与驱动之间的关系。

3.1 工业机器人的通用部件

对于工业机器人来说，操作机结构的重要元件是执行机构的导轨与支承，其中，导轨有滚珠导轨、滚柱导轨、滚动丝杠-螺母传动及导轨等；作为运动支承的有专用结构深沟轴承、角接触球轴承、推力球轴承及滚子轴承等。它们作为机器人的通用部件，这些部件构成工业机器人结构的基础。

3.1.1 滚珠导轨及滚柱导轨

导轨指可以承受、固定、引导移动装置或设备并减少其摩擦的一种装置，其在结构上表现为由金属或其他材料制成的槽或脊。

滚珠导轨及滚柱导轨的区别是滚珠导轨滑块内的滚动体是钢球，滑块和轨道的轨道面是半圆弧；而滚柱导轨的滚动体是滚柱，滑块和轨道的轨道面是平面。

滚珠导轨运动灵敏度好，定位精度高；但其承载能力和刚度较小，一般都需要通过预紧提高承载能力和刚度。滚柱导轨结构紧凑，滚柱支承的轴向导向分为不同的精度等级，并且具有极高的承载能力和较高的刚度。用于工业机器人的滚珠导轨及滚柱导轨形式主要有如下几种。

（1）带循环滚子的滚柱导轨

这种滚动支承可用于操作机执行机构的直线位移导轨上，它具有较高的接触刚度、耐久性、低摩擦系数和较高的位移精度。

（2）带滚珠的活动托架-轨道式滚动导轨

导轨的结构特点是滚珠与具有特殊纵向槽的固定轨道间是线接触。同时能产生预紧力，增加了作用在导轨上的许用载荷，提高了耐久性。棱柱形导轨能承受垂直的、水平横向的、弯曲的及扭转形式的载荷。

（3）带滚珠轴套式线性滚动导轨

导轨滑杆为圆柱形截面并带有纵向槽，滚珠可在槽中滚动。安装滚珠时相对于轴套加有预紧力。在导轨滑杆运动时，为使滚珠返回，在轴套体上开槽。

滚珠导轨及滚柱导轨的详细结构可以参考相关手册。

3.1.2 滚珠丝杠-螺母传动及导轨

滚珠丝杠-螺母传动除具有螺旋传动的一般特征（如降速传动比大及牵引力大）外，还具有传动效率高、定位精度高、传动可逆性、使用寿命长及同步性能好等特性。滚珠丝杠用电机传动时，可直连，也可通过其他变速机构（如齿轮、同步带等）连接。

导轨有滚珠丝杠导轨、直线电机导轨等。滚珠丝杠导轨主要是机械结构，生产工艺较复杂，需要电机带动，传动链较长，不易控制；而直线电机导轨主要是电气结构，机械结构较简单，控制灵活，传动链较短，运动精度高。

用于工业机器人的滚珠丝杠-螺母传动及导轨有如下几种形式。

① 多种结构形式的滚珠轴套式直线滚动导轨。

② 多种螺母壳体形式的滚动丝杠-螺母传动。

③ 大螺距形式的滚珠丝杠-螺母传动。

在正确装配的前提下，滚珠丝杠只承受轴向载荷，轴向载荷通过螺母座内的轴承传递到轴承座上，再传递到机器基座上。至于导轨的受力分析，可以根据导轨的布局按力矩原理做受力分析。

3.2 工业机器人的典型部件

工业机器人的典型部件从原动机的形式上分可以是电驱动、气液驱动；从机构的传动形式上分可以是移动部件、回转部件及螺旋传动部件等。

工业机器人的典型部件主要应用在机器人关节的多种运动中，例如：①传动部件。如蜗轮减速器电动机构、差动齿轮减速器的手腕传动结构、操作机手臂直线垂直移动用齿轮减速器机构等。②回转部件。如带机电驱动装置的操作机回转机构、带齿轮-蜗轮减速器的操作机手臂回转机构、带谐波齿轮减速器的操作机手臂回转机构等。③提升部件。如操作机电驱动提升机构等。④手臂部件。手腕部件和其他部件。

3.2.1 操作机杆件回转用电驱动装置

电驱动装置是工业机器人常用的装置，操作机杆件回转用电驱动装置通常由回转支承、蜗杆、马达、壳体等部分组成，既有回转支承的连接、旋转、支承等功能，又有蜗杆传动的结构紧凑、输出转矩大、传动平稳等优点。该装置使用寿命长，安装简便，并可以大量节省安装空间，易于维护。通过直流电动机的驱动，可以在重负载条件下实现均匀、平滑的无级调速，而且调速范围较宽。

GT 操作机杆件回转用电驱动装置工作原理及结构如图 3-1 所示，该结构采用的是

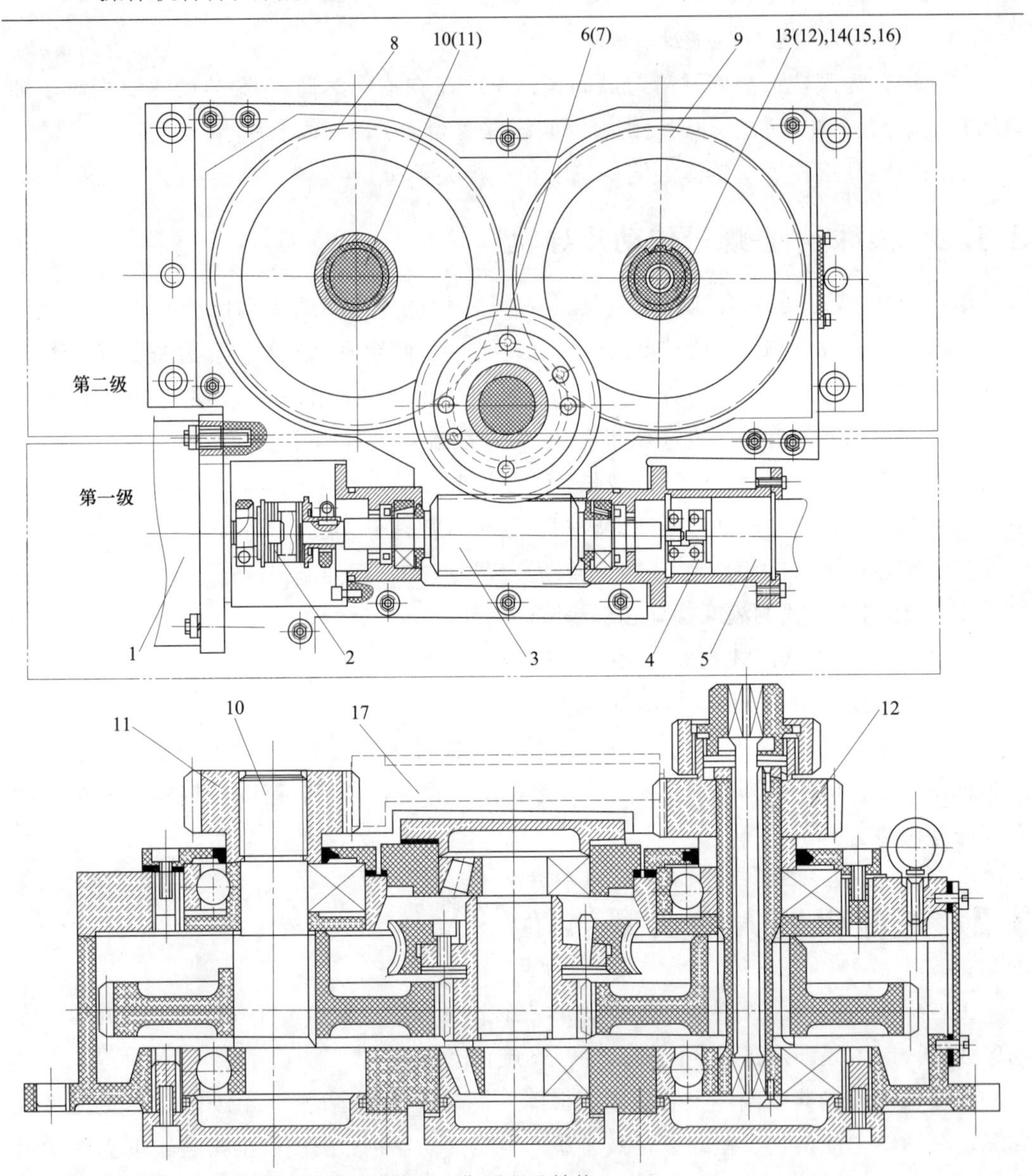

图 3-1 GT 操作机杆件回转用电驱动装置工作原理及结构

1—电动机；2—波纹管联轴器；3—蜗杆；4—刚性联轴器；5—测速发电机；6—蜗轮；
7—中间齿轮；8—左齿轮；9—右齿轮；10—减速器输出轴；11—输出轴齿轮；
12—扭杆小齿轮；13—扭杆；14—空心轴；15—螺纹套筒；16—螺母；17—齿圈

蜗轮-齿轮、齿轮-齿轮组合式二级减速装置，用于工业机器人操作机杆件回转运动的驱动。

图 3-1 中，“第一级”采用蜗杆传动，以保证工作时大的传动比及高转速下的低噪声，因蜗杆传动具有自锁性，所以输出轴的准确位置也可以得到可靠的保证。“第二级”采用圆柱齿轮传动，可以实现无间隙的传动。

在操作机杆件回转用电驱动装置中，电动机通过波纹管联轴器与蜗杆轴连接起来，蜗杆的另一端通过刚性联轴器带动测速发电机；由于蜗杆传动具有自锁性，能可靠地给定减速器输出轴的位置。在蜗轮-蜗杆传动中，蜗轮的轮毂同减速器输出轴相配合，该输出轴上带有花键并与两个齿轮连接，其花键轴端安装的输出轴齿轮直接固定在减速器输出轴上，并通过输出轴的花键部位固定该齿轮，减速器输出轴上的左齿轮与中间齿轮啮合，而右齿轮则通过扭杆与扭杆小齿轮相连。该扭杆的一端刚性紧固在空心轴的孔中，另一端则装有带螺纹的套筒和螺母，输出轴齿轮及扭杆小齿轮均与转台的齿圈啮合。

该装置安装时，由于逐次扭紧螺母，扭杆将会产生扭转；当输出轴齿轮及扭杆小齿轮与转台的齿圈啮合时，也产生扭矩，因此可以消除该装置传动过程的间隙。

该装置由于核心部件采用回转支承，因此适合于同时承受轴向力、径向力、倾翻力矩的工况。

3.2.2 带差动齿轮减速器的手腕传动机构

差动齿轮减速的特点是可以按照自由度的要求控制运动，如可以进行运动或动力的合成或分解，以实现多种功能。当应用该原理控制手腕运动时，可以很容易地进行两个自由度运动手腕的控制。

GT 手腕传动机构的工作原理及结构如图 3-2 所示，该结构采用的是差动齿轮和行星减速器的混合结构，用于工业机器人操作机手腕的回转和摆动。

图 3-2 中由两个液压马达获得动力，并分别传到具有两个自由度的手腕驱动装置中，以实现手腕的转动及手腕的摆动。其中转动用液压马达以实现手腕的转动，摆动用液压马达以实现手腕的摆动。

该差动减速器机构安装在带水平接合面的箱体中，两个液压马达分别固定在该箱体上，液压马达在箱体内分别通过联轴器、轴承与锥齿轮差速器相连接。两个转臂分别安装在中心锥齿轮的内部，该中心锥齿轮是轴线位置固定的齿轮，行星轮分别套在两个转臂的轴承上。

在中间部位，箱体上安装有带方孔的轴（扭杆）、双联齿轮等，该结构用于消除运动链中的间隙。同时，轴（扭杆）也用于实现手腕执行机构到驱动装置扭矩的反馈。

为实现手腕的转动，从转动用液压马达开始，按两条路线传递运动。

① 中心锥齿轮（序号 8)→行星轮（序号 12)→转臂（序号 6)→小输出齿轮（序号 14）。

② 中心锥齿轮（序号 8）上的小齿轮→齿轮（序号 18 和 17)→中间轮→中心锥齿轮（序号 11）上的小齿轮→行星轮（序号 13)→转臂（序号 7)→小输出齿轮（序号 15）。

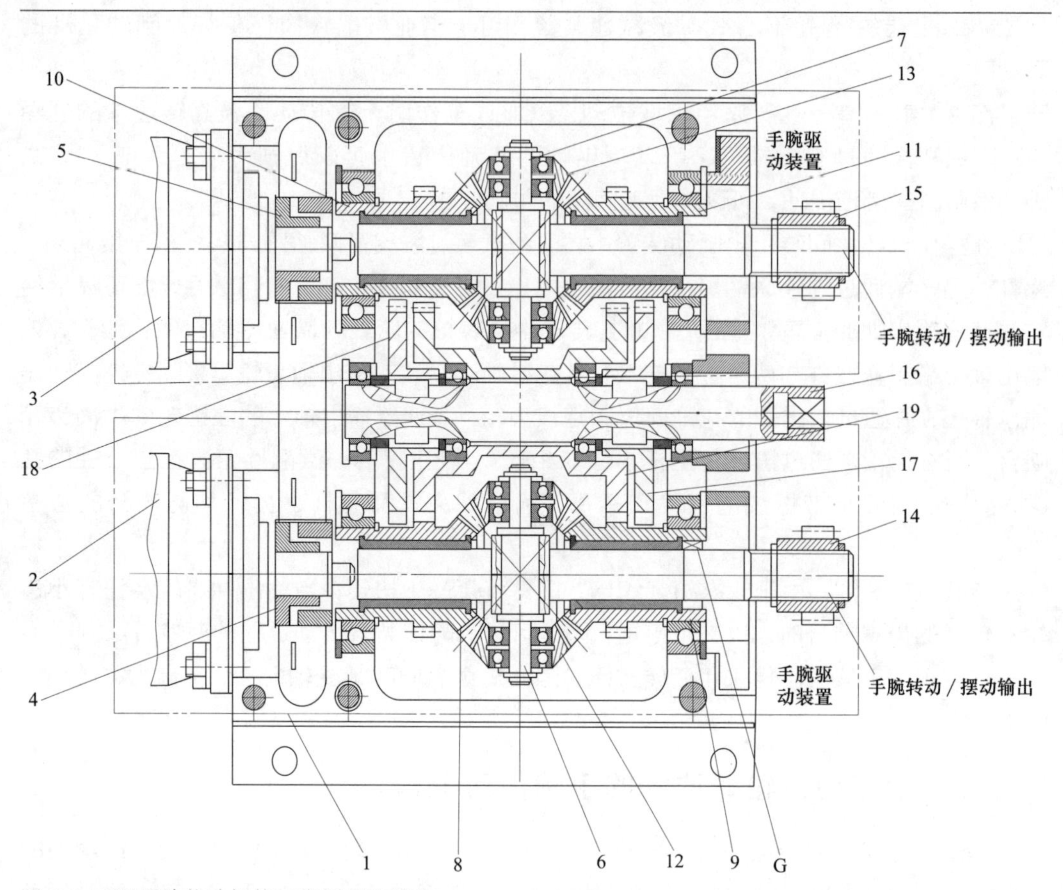

图 3-2　GT 手腕传动机构工作原理和结构

1—箱体；2—转动用液压马达；3—摆动用液压马达；4，5—联轴器；6，7—转臂；
8～11—中心锥齿轮；12，13—行星轮；14，15—输出齿轮；
16—轴（扭杆）；17，18—齿轮；19—双联齿轮

这时输出齿轮（序号 14 和 15）以相同的速度旋转。

当手腕摆动时，从摆动用液压马达开始，也按两条路线传递运动。

① 中心锥齿轮（序号 10）→行星轮（序号 13）→转臂（序号 7）→小输出齿轮（序号 15）。

② 中心锥齿轮（序号 10）上的小齿轮→双联齿轮（序号 19）→中心锥齿轮（序号 9）上的小齿轮→行星轮（序号 12）→转臂（序号 6）→小输出齿轮（序号 14）。这时输出齿轮（序号 14 和 15）以相同速度沿不同方向旋转。

通过上面两条路线，实现差动齿轮变速的运动传递，并控制手腕的转动和摆动，可以方便地实现手腕的工作状况。

3.2.3　手臂用齿轮减速器机构

随着工业技术的发展，工业机器人的应用范围不断扩大，其技术性能也在不断地提高，通过模拟人手臂进行高效自动工作的机器人手臂也呈现出一些特点。

① 机器人手臂实现了机械化和自动化的有机结合，能够有效提高劳动生产率和降低成本。

② 对环境的适应性强，可以代替人从事某些危险、有害的工作。只要根据工作环境进行合理的设计，选择适当的材料和结构，机器人手臂可以在异常高温、低温、异常压力、有害气体、粉尘及放射线作用下等危险环境中胜任工作。并且，机器人手臂持久耐劳，可以把人从繁重单调的劳动中解救出来，并能扩大和延伸人的功能。

③ 机器人手臂的动作准确，可以避免人为的操作错误，稳定和提高产品的质量。

④ 机器人手臂具有工业机械手的通用性，灵活性好，能很好地适应产品的不断变化，以满足柔性生产的需要。

手臂用齿轮减速器机构的工作原理及结构如图 3-3 所示，该结构可用于工业机器人操作机的手臂直线垂直移动。

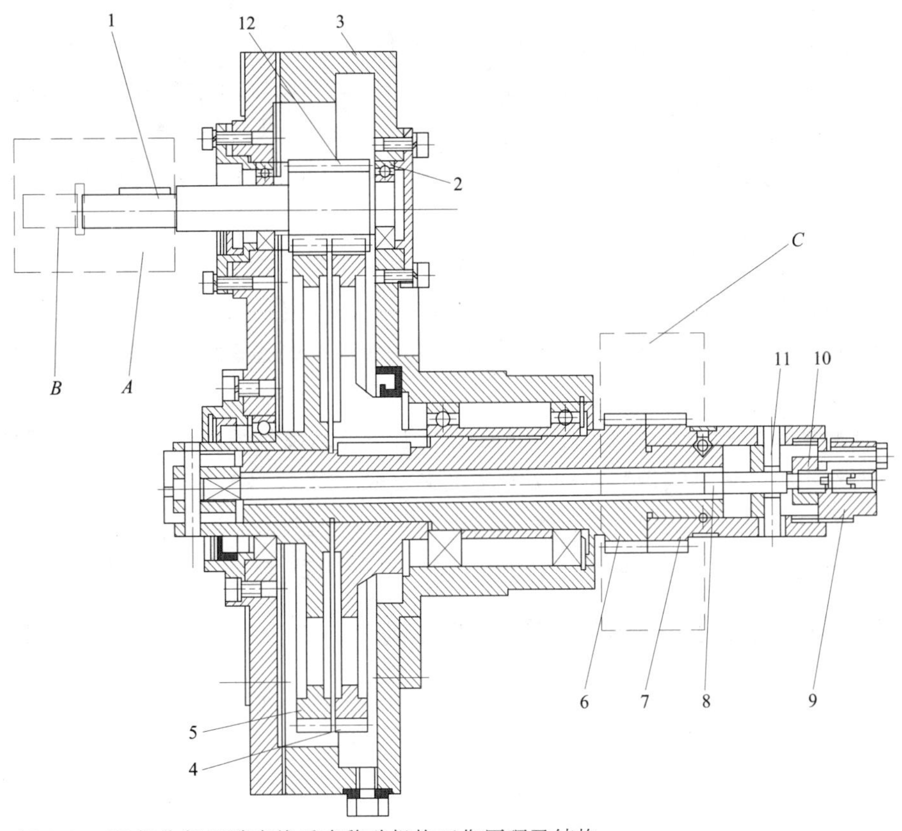

图 3-3　GT 操作机手臂直线垂直移动机构工作原理及结构

1—齿轮轴；2—轴承；3—剖分式铸造壳体；4，5—齿轮；6—空心齿轮轴；
7—轮螺旋槽齿轮；8—扭杆；9—螺母；10—套筒；11—销钉；12—齿轮
A—驱动装置；*B*—驱动装置输出轴；*C*—提升机构

操作机手臂直线垂直移动机构的运动及动力是由驱动装置传递而来。驱动装置输出轴通过联轴器与齿轮轴相连，而齿轮轴装在剖分式铸造壳体的轴承上。经过齿轮与齿轮间的啮合将运动传递到空心齿轮轴上；同时扭杆也与螺旋槽齿轮相连。套筒用销钉连接并沿着螺旋槽齿轮的螺旋槽移动；当旋转螺母时，扭杆受到套筒的扭转作用，由于转矩的作用及齿轮的运动链处于封闭加载状态，从而保证了该传动装置运动链中间隙的调整。

齿轮箱和内环齿轮采用一体式的设计。该机构结构紧凑、输出扭矩大。通过空心齿轮轴、螺旋槽齿轮-齿条传递运动给提升机构（图中略去了提升机构的齿条），而提升机构带动手臂机构完成直线垂直移动。

3.2.4 带机电驱动装置的回转机构

带机电驱动装置的回转机构通常由回转支承、蜗杆、马达、壳体等部分组成，既有回转支承的连接、旋转、支承等功能，又有蜗杆传动的结构紧凑、输出转矩大、传动平稳等优点，使用寿命长，安装简便，大量节省安装空间，易于维护，可大大节约成本。

回转机构传动的工作原理及结构如图 3-4 表示，该结构带机电驱动装置，主要用于工业机器人的操作机上。

GT 回转机构中，基座作为该机电驱动装置回转机构的基础，其上固定有固定支承，法兰相对于中心轴做旋转运动，此时轴承的预紧力依赖于螺母与球形垫圈来实现；该法兰同时与平台固接。固定支承是含有内腔的结构，其内腔中安装有推力轴承；法兰通过附加连接件支撑在该轴承上；通过固定支承上的护板来防止灰尘及污垢进入轴承。

驱动装置通过减速器与平台连接，驱动装置中包括直流电动机、测速发电机、角位置传感器等。减速器通过输出轴与齿轮机构啮合，因此，当电动机旋转时，整个驱动装置通过平台带动中心轴做回转运动，其回转运动的限定可以通过橡胶阻尼器上的挡块来实现。

操作机的手臂机构固接在法兰上。手臂需要的电气线路及气压管路可以通过配电板、电接头、外部电缆、辅气软管及管接头等连接来实现。

该回转驱动的主要部件有回转支承、蜗杆、铸件基座和一些标准件（如轴承、螺栓）等，并且回转驱动装置使用中心轴运动，因此可以减少力的消耗，起到安全保护作用。

3.2.5 带蜗杆蜗轮减速器的手臂回转机构

蜗杆蜗轮传动具有反向自锁的特点，可实现反向自锁，即只能由蜗杆带动蜗轮，而不能由蜗轮带动蜗杆运动，这一特性使得该回转驱动可以被广泛应用。

GT-H2 手臂回转机构的工作原理及结构如图 3-5 所示，该结构是带蜗杆蜗轮减速器的手臂回转机构，主要用于工业机器人的操作机。

由图 3-5 可知，该机构带动操作机手臂进行回转运动，而操作机手臂是用导轨和螺钉固定在转台上。

该手臂回转机构中，直流电动机通过联轴器、齿轮传动机构、蜗杆蜗轮传动机构以驱动转台的转动。此时，测速发电机通过联轴器与蜗杆轴同轴相连。在基座上安装着电动机、齿轮减速器和测速发电机。蜗杆蜗轮减速器的箱体通过紧定螺栓固定在基座上。在箱体的支架上，还固定着角位置传感器，该传感器通过转台外面的齿圈与小齿轮啮合并带动。

为消除传动中的间隙，将蜗轮做成剖分式：下半部分套在轴的花键上，而上半部分则装在轮毂上。偏心的作用是对蜗轮上、下两部分间彼此的相对转动进行间隙调整，当

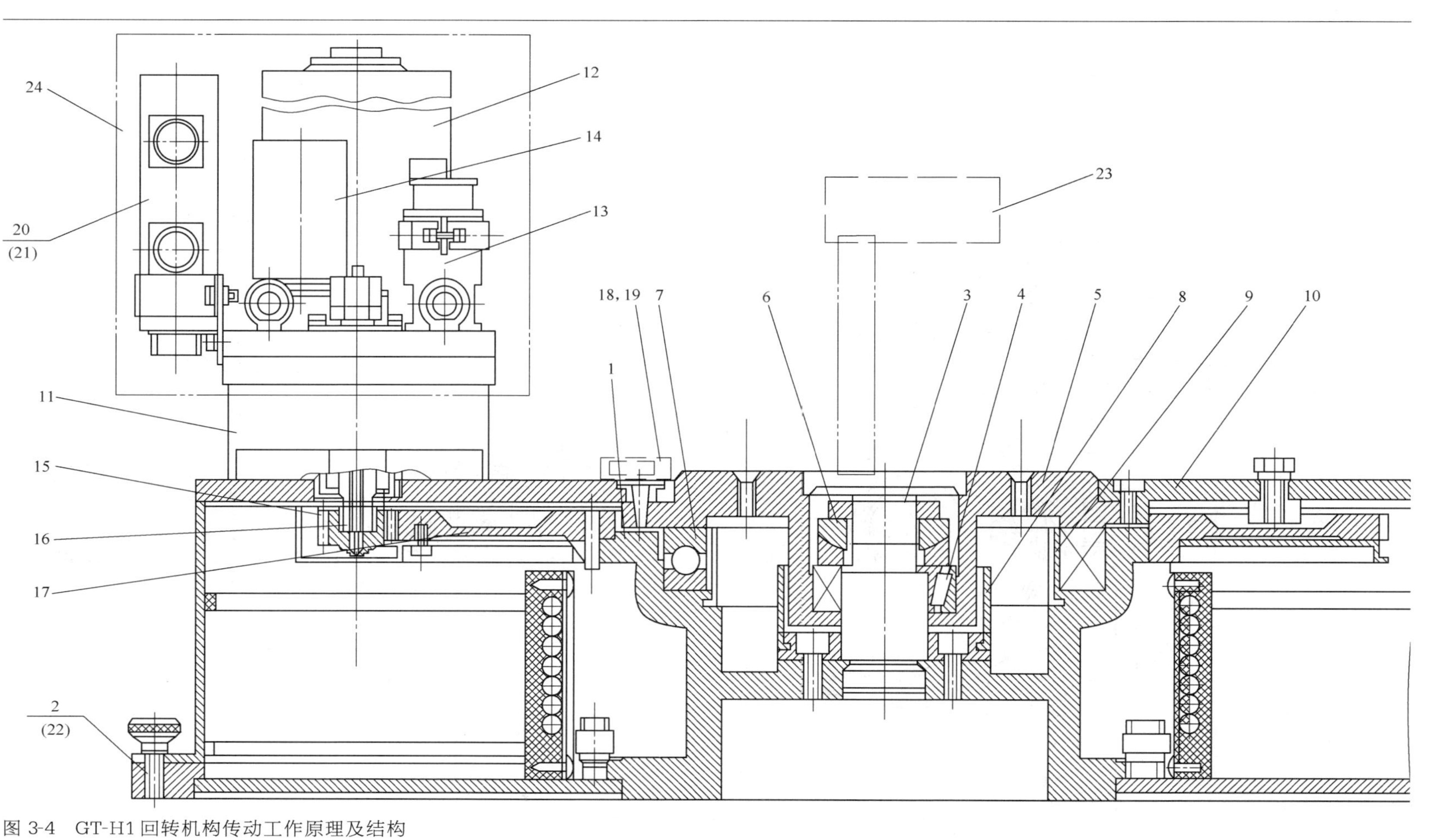

图 3-4　GT-H1 回转机构传动工作原理及结构

1—转动固定支承；2—基座；3—中心轴；4—轴承；5—法兰；6—球形垫圈；7—推力轴承；8，9—护板；10—平台；11—减速器；12—电动机；13—测速发电机；14—传感器；15—小齿轮；16—输出轴；17—齿轮；18—挡块；19—阻尼器；20—配电板；21—管接头；22—电接头；23—操作机手臂机构；24—驱动装置

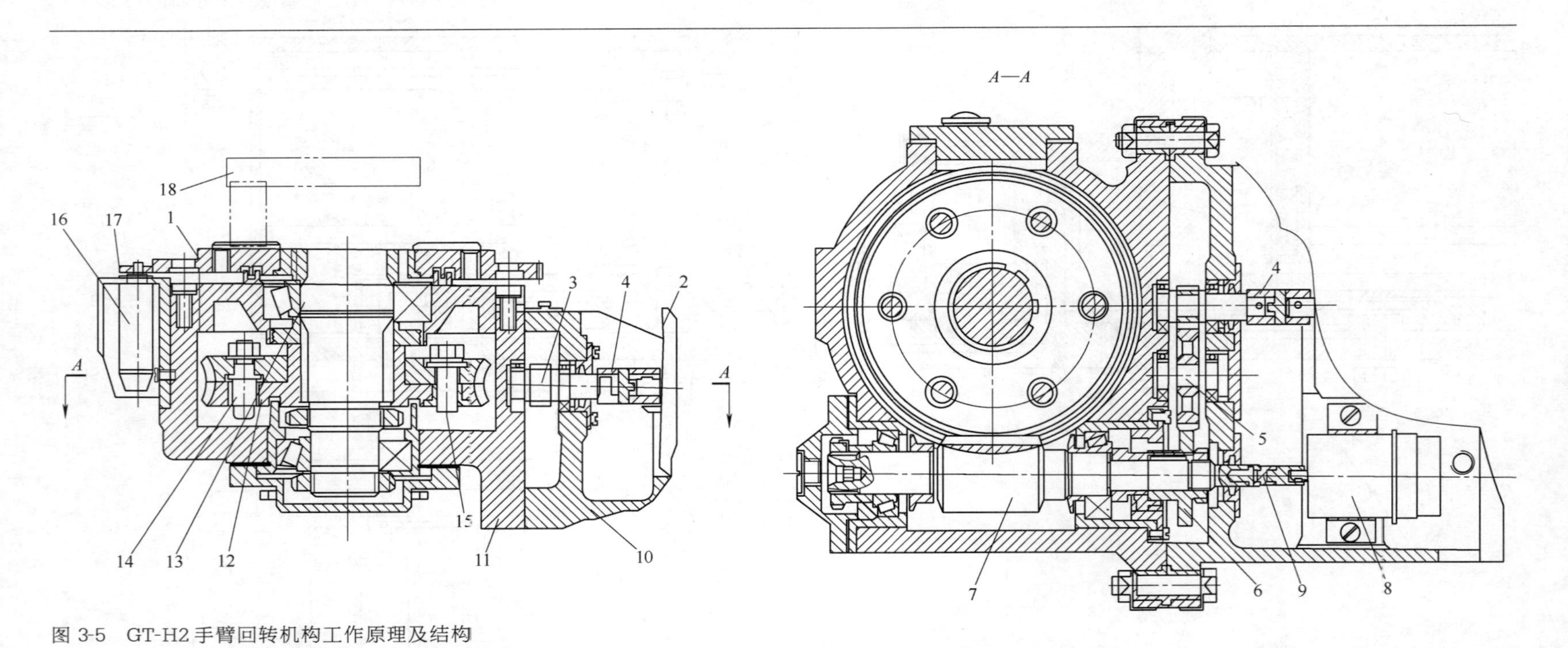

图 3-5　GT-H2 手臂回转机构工作原理及结构

1—转台；2—电动机；3—齿轮轴；4，9—联轴器；5，6—轴齿轮；7—蜗杆；8—测速发电机；10—基座；11—箱体；12—蜗轮；13—轴；14—偏心；15—螺钉；16—传感器；17—小齿轮；18—操作机手臂

侧隙调整适合后，便把蜗轮的两半部分用螺钉锁紧成整体。

采用该装置作为手臂回转机构，可使得机器人设计结构更加简洁，有利于使用和维护，同时，由于蜗杆蜗轮传动具有较大的速比，使得手臂的定位精度也大大提高。

3.2.6 带谐波齿轮减速器的手臂回转机构

谐波齿轮减速器是一种由固定的内齿刚轮、柔轮及使柔轮发生径向变形的波发生器组成。谐波齿轮减速器在啮合中其齿侧间隙可以调整，传动的回差很小，而且谐波齿轮减速器的高、低速轴位于同一轴线上，同轴性好，可实现高增速运动。与普通减速器相比，谐波齿轮减速器使用的材料要少 50%，因此其体积及重量至少减少 1/3，具有高精度、高承载力等优点。

GT-H3 手臂回转机构的工作原理及结构如图 3-6 所示，该结构是带谐波齿轮减速器

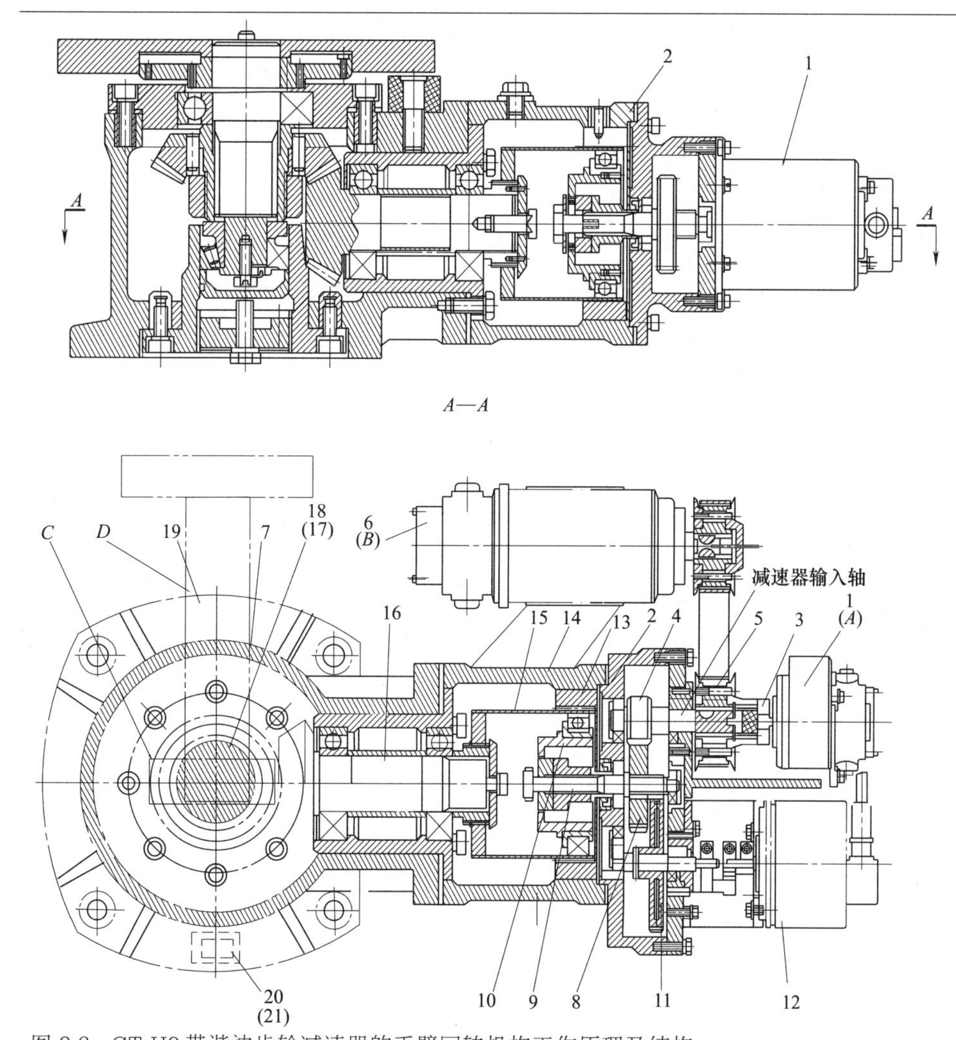

图 3-6 GT-H3 带谐波齿轮减速器的手臂回转机构工作原理及结构

1—直流电动机；2—减速器箱体；3—联轴器；4—输入齿轮轴；5—齿形带传动；6—测速发电机；7—主轴箱体；8—减速器齿轮；9—波发生器轴；10—波发生器；11—剖分式齿轮；12—角位置编码器；13—刚轮；14—波发生器箱体；15—薄壁筒形柔轮；16—减速器输出齿轮轴；17—锥齿轮；18—主轴；19—转台；20—刚性挡块；21—橡胶缓冲器；*A*—箱体支架；*B*—托架；*C*—导向板；*D*—操作机手臂

的手臂回转机构，主要用于工业机器人的操作机。

图 3-6 中的减速器箱体即为手臂回转机构的机体。直流电动机安装在减速器箱体的支架上，并通过联轴器连接到输入齿轮轴上；同时，减速器输入轴通过齿形带传动与测速发电机相连；而测速发电机通过托架固连在波发生器箱体上；该箱体的内孔中安装有谐波齿轮传动的钢轮，波发生器轴上固定着减速器齿轮，该轴的前端装有减速器的波发生器；而后端做成小齿轮，使小齿轮与角位置编码器的传动齿轮啮合，该传动齿轮为剖分式齿轮，用于消除传动中的间隙。减速器输出齿轮轴的一端带有锥齿轮，另一端带有花键轴，薄壁筒形柔轮安装在该花键轴的套上，并与主轴上的锥齿轮啮合，该主轴通过法兰与带垂直旋转轴的平台固接；带有锥齿轮的减速器输出齿轮轴端在波发生器箱体的内孔中做旋转运动；操作机手臂通过导向板和螺钉固定在转台上，该转台转动的极限角则由刚性挡块和橡胶缓冲器来控制。

该装置与相同速比的其他传动相比，谐波传动由于运动部件数量少，而且啮合齿面的速度很低，齿面的磨损很小。由于谐波齿轮传动的效率高及机构本身的特点，加之体积小、重量轻的优点，因此是理想的高增速装置。

3.2.7 电驱动的提升机构

工业机器人提升机构有多种形式，这里讨论的电驱动提升机构为机械式。机械式驱动装置构造简单，升程高、操作灵活、移动方便。当用于间歇动作时，需要经常启动和制动，因此常伴有钢绳卷筒、齿轮齿条，或者利用其他工作机构。电驱动的提升机构中，也离不开制动器，提升机构的制动器既是操作机的工作装置，又是操作机的安全装置。

电驱动提升机构的工作原理及结构如图 3-7 所示，该机构主要用于工业机器人操作机。

在电驱动的提升机构中，缩放架本身是一种空间机构。缩放架上的平台用于操作机手臂的固定，而提升机构的基座则用于安放下导轨。缩放架的主要零件包括两个杠杆 A 和 B，两个杆件在中点相互铰接。另外，该提升机构中还包含上、下两个托架。

杆件的下铰链装在下托架上，而上铰链装在上托架上。下托架在滚动支承上沿下导轨移动，下导轨则放在提升机构的基座上。

下托架的移动采用机电式驱动装置，由直流电动机通过固定在下托架上的滚珠螺母副传递运动，用电磁制动器将下托架固定在指定位置上，由测速发电机来检测下托架的移动速度，而下托架的位置则由齿轮传动与传动丝杠相连的编码器来检测。

上托架在滚子上沿着平台的上导轨移动，在上托架上有轴颈，杆件装在该轴颈的轴承上。

当下托架沿其导轨（下导轨）运动时，缩放架的两个杠杆相对于轴做回转，而上托架则沿上导轨移动，此时，平台在垂直方向上完成平移运动。为了平衡平台，把钢丝绳的一端固定在杠杆 B 上，并通过绳轮将它缠绕在机座支架上，而钢丝绳的另一端则与弹簧连接。

GT 电驱动提升机构限于其自身铰接、伸缩机构，虽然可以减轻高空作业的困难，但其应用仅限于提升负荷不大或小吨位的机器人操作机。

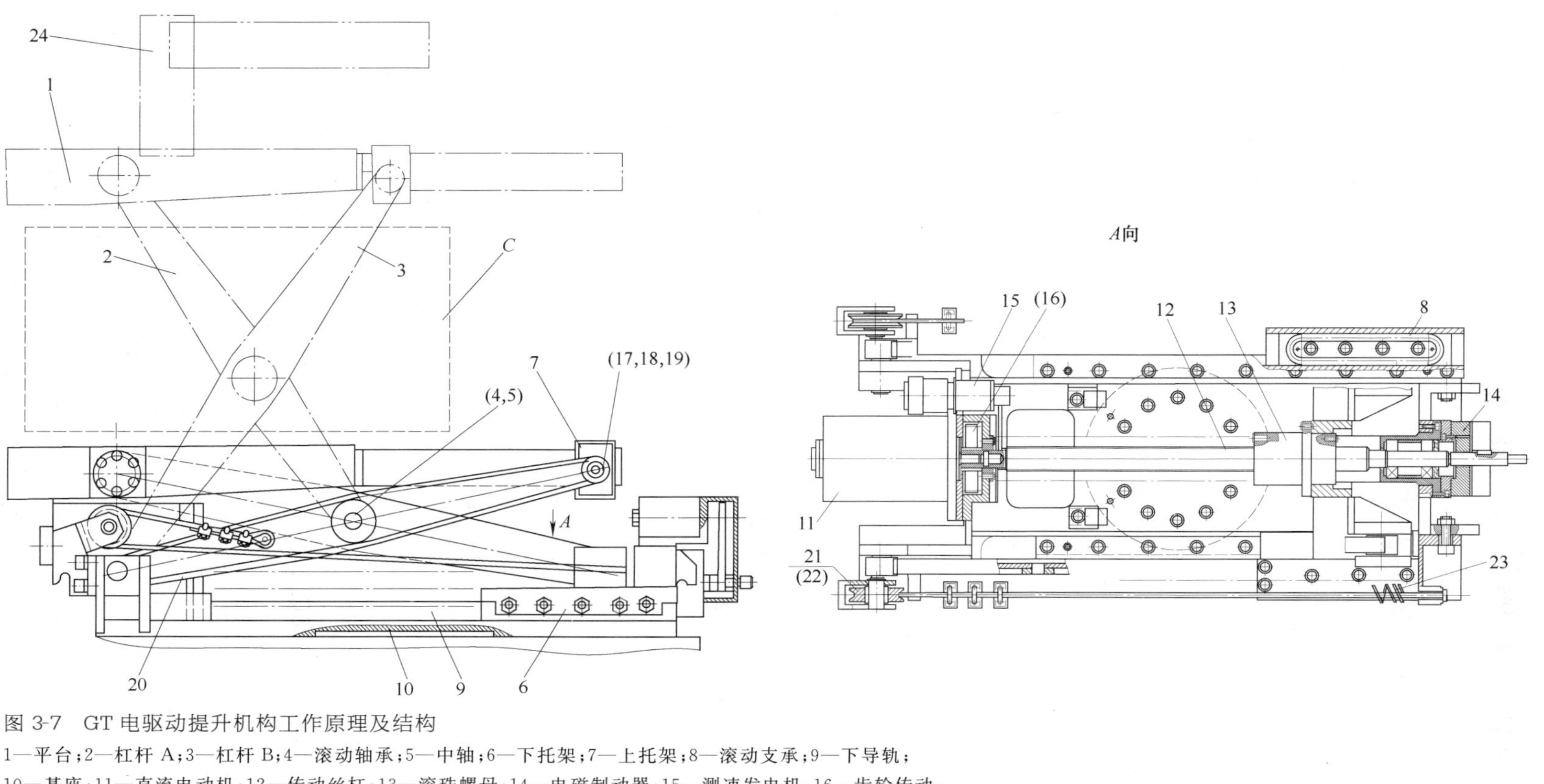

图 3-7 GT 电驱动提升机构工作原理及结构

1—平台；2—杠杆 A；3—杠杆 B；4—滚动轴承；5—中轴；6—下托架；7—上托架；8—滚动支承；9—下导轨；10—基座；11—直流电动机；12—传动丝杠；13—滚珠螺母；14—电磁制动器；15—测速发电机；16—齿轮传动；17—滚子；18—上导轨；19—轴颈；20—钢丝绳；21—绳轮；22—机座支架；23—弹簧；24—操作机手臂；C—缩放架

3.3 工业机器人的装置与驱动

3.3.1 工业机器人的电驱动装置

工业机器人执行机构的电驱动装置必须满足以下条件。

① 在最大加速度情况下，启动速度快。

② 在过渡工作状态下，电流或力矩的过载能力强。

③ 功率大，损耗少。

④ 调节速度范围大。

工业机器人的电驱动装置从技术特性来说可以有多种形式，依据所采用的电动机不同而不同。

在工业机器人中广泛应用的是直流成套可调、直流随动电驱动装置，其中包括电动机、变换器、变换器控制装置、电源电力变压器、电枢电路的扼流线圈，还有内装测速发电机、位移传感器和电磁制动器等。常用的驱动系统有直流/直流伺服电机驱动系统、步进电机驱动系统、直线伺服电机/直线步进电机驱动系统。除了直流驱动系统，还有交流电动机、步进电动机及成套电动装置等。

3.3.1.1 工业机器人用直流电动机

工业机器人常用直流电动机主要有以下几种。

① 带盘形印制电枢的高速小惯量直流电动机　这种小功率电动机广泛应用于负载力矩较小的操作机杆件的驱动装置中。

② 普通带槽电枢、集电环和永磁式小功率直流电动机　这种电动机是低速电动机，内装配套的位移传感器和电磁制动器。

③ 高速直流微型电机　这种电机是小型高速工业机器人常用的，也可用来作为不同型号尺寸可调驱动装置的测速发电机。另外，还有带盘形电枢的直流小惯量电动机、大力矩永磁励磁电动机、带空心电枢永磁式的小功率直流电动机，也包括整流器式、组合式、步进式及连续控制式电动机等。

④ 往复运动直流电动机　工业机器人用往复运动大力矩电动机构，是带空心筒形电枢和径向排列永磁式多极感应线圈的直流电动机。电动机内装有测速发电机、带传动机构的位移传感器和电磁制动器。

3.3.1.2 工业机器人用交流电动机

工业机器人用交流电动机包括异步和异步线性等类型电动机。工业机器人常用的交流电动机是交流异步电机。

交流异步电机相比直流电机，具备结构简单、工作可靠、寿命长、成本低、保养维护简单方便等多方面优点。但同时，交流异步电机也具备调速性能差、启动转矩小、过载能力和效率低等缺点。一直以来，在不要求调速的场合，交流异步电机占据主导地位。自从交流电机变频调速系统开发成功后，交流异步电机也可应用于需要调速的场合。如采用特殊形式的异步电动机，在三相定子绕组中通过变频和改变电流值调节转速的特殊形式的异步电动机。该种电机具有价格便宜、惯量小和良好的动态性能等特点，但这种电动机转速低，这是由电驱动装置的技术特性所决定的。

3.3.1.3 工业机器人用步进电动机

工业机器人用步进电动机，包括动力式回转运动的步进电动机、线性单坐标和多坐标的步进电动机、平面式的步进电动机等。

在工业机器人驱动装置中应用较广的是步进电动机。它具有动作迅速、调速范围大、位移精度高和控制简单等特点。步进电动机与液压扭矩放大器一起在电液驱动装置中作为伺服电动机使用。在小型工业机器人中可以不要液压扭矩放大器而直接使用步进电动机。

步进电动机广泛用于各种操作机和其他辅助装置传动机构中。应用步进电动机有可能代替工业机器人随动调节装置中程序控制的位移反馈回路。

3.3.1.4 工业机器人用成套电动装置

目前，工业机器人用成套电动装置的结构可以是内装行星形式或谐波减速器形式等，它是以可调电动机为基础的机电式的电驱动装置，也可以是电磁线性的电驱动装置。另外，当成套装置的驱动系统由电机和驱动器两部分组成时，驱动器的作用是将弱电信号放大，将其加载在驱动电机的强电上，而电机则是将电信号转化成精确的速度及角位移。在此，仅以常用的成套电动装置为例进行阐述。

（1）成套电动回转结构

成套电动回转结构的工作原理及结构如图 3-8 所示，该机构主要用于工业机器人操作机。

GT-D 成套电动回转结构包括直流电动机、测速发电机、光电圆形位置传感器等，该装置保证了电动机轴转动时随动调节的工作状态。该机构中直流电动机为带变换器组件的电动机。电动机通过法兰固定在齿轮减速器的盖上，经过齿轮的一系列传动关系将动力及运动传递给固接齿轮，此时固接齿轮与转台上的齿圈相啮合，右端的小齿轮也与转台上的齿圈啮合。扭杆的另一端装有带左旋螺纹的轴套，轴套上安装有螺母及反螺母，调整螺母和反螺母便可以将扭杆拉紧，以实现扭杆相对于轴的预紧，即依靠扭杆的扭转来消除齿轮传动中的间隙。成套电驱动装置中的测速发电机通过联轴器、剖分式齿轮等消除传动中的间隙，并与减速器的中齿轮啮合。

（2）成套电动手臂机构

成套电动手臂机构的工作原理及结构如图 3-9 所示，用于操作机手臂的轴向位移，该机构主要用于工业机器人操作机。

GT-D2 成套电动手臂机构包含伸缩机构。手臂沿导向键装在机构的转台上，并用双头螺栓和螺母固定在其上。手臂在装配结构的壳体的内腔沿着棱柱形滚动导轨做纵向（垂直纸面）移动，手臂沿纵向移动是伸缩机构的主要特征。

在手臂的壳体边上固接有齿条，齿条与剖分式小齿轮啮合，由于该小齿轮做成剖分式的，因此小齿轮的上、下半部分会有相对的角位移；在预紧扭杆的作用下，小齿轮下半部分的角位置相对于其上半部分发生改变，这样便能消除齿条-齿轮传动中的间隙。

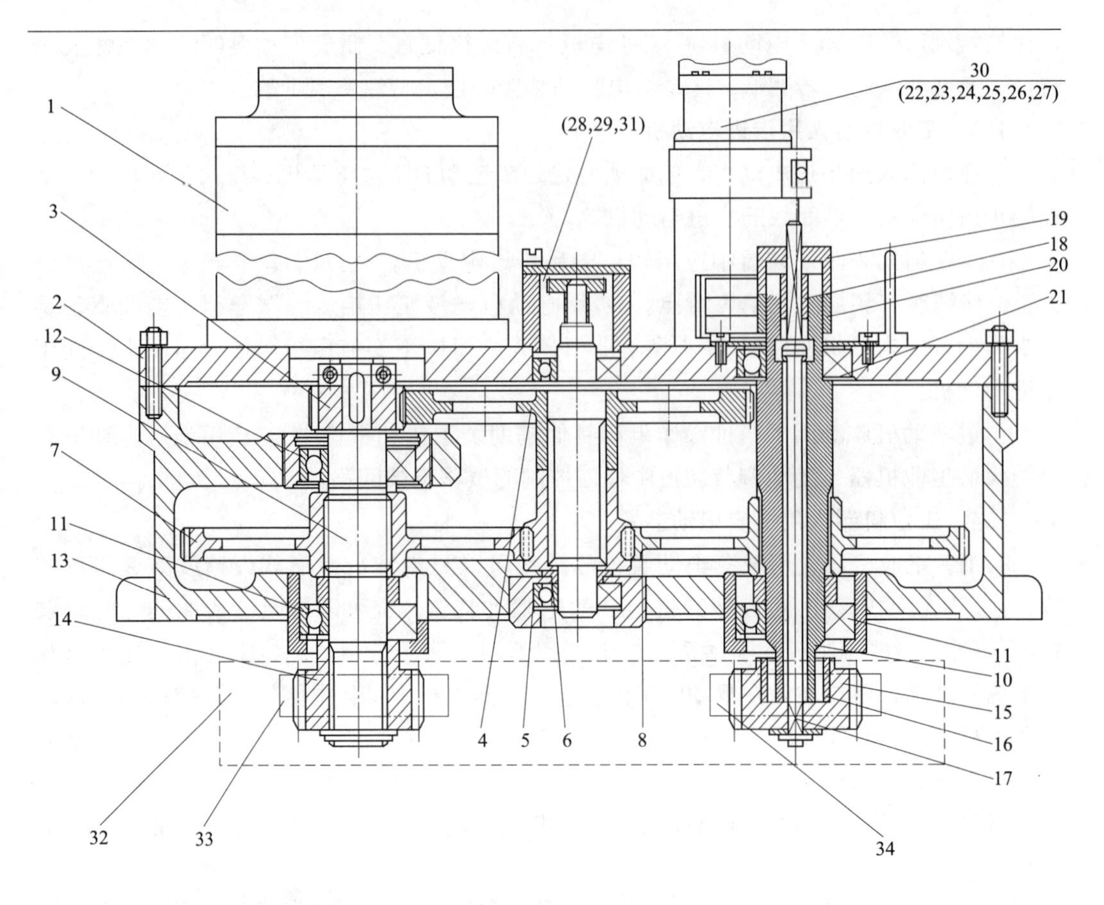

图 3-8 GT-D1 成套电动回转结构工作原理及结构

1—直流电动机；2—齿轮减速器的盖；3，15，29—小齿轮；4—中齿轮；5，11，12，24—轴承；6～8—齿轮；9，10，23，28—轴；13—减速器箱体；14—固接齿轮；16—滚针轴承；17—扭杆；18—左旋螺纹轴套；19—螺母；20—反螺母；21—测速发电机；22—联轴器；25，26，30—剖分式齿轮；27—弹簧；31—光电圆形位置传感器；32—转台；33—转台齿圈 1；34—转台齿圈 2

另外，在花键轴上装有内齿轮，它与固定在直流电动机转子上的小齿轮相啮合。在减速器上盖的内孔中刚性固接着驱动电动机。测速发电机、位置光电编码器通过齿轮传动测试运动速度及位置。

（3）电动装置通用机构

电动装置通用机构的工作原理及结构如图 3-10 所示，该机构主要用于手臂提升模块的电动装置通用机构；也可以作为工业机器人操作机的通用机构。

GT-D3 电动装置通用机构中，托架上安装有直流电动机及测速发电机，托架固定在传动机构机体上。下面的测速发电机通过齿轮、齿形带传动等来实现驱动。齿形带传动的张紧是通过沿套筒、导向槽移动实现，用螺钉固定。输出轴的输出端用固定在自由端的联轴器与减速器的输入轴相连，以实现后续的传动机构；位置传感器通过无隙齿轮传动和该输出轴相连。该装置中，带传动及测速发电机都用防护罩遮盖，电缆接头则分别安装在防护罩及机体上。

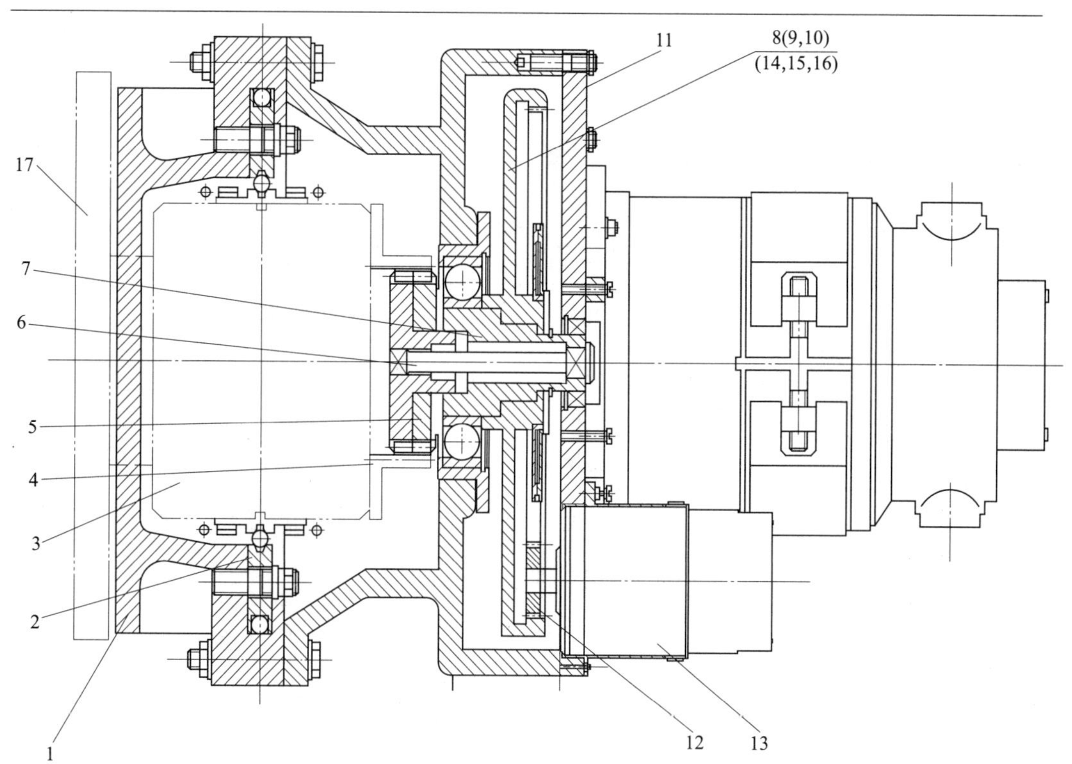

图 3-9 GT-D2 成套电动手臂机构工作原理及结构

1—壳体；2—滚动导轨；3—手臂；4—齿条；5—剖分式小齿轮；6—扭杆；7—花键轴；8—带内齿圈的轮；9，12，15—小齿轮；10—直流电动机（驱动电动机）；11—上盖；13—测速发电机；14—剖分式齿轮；16—位置光电编码器；17—转台

3.3.2 工业机器人的液压与气动装置

3.3.2.1 装置的类型

工业机器人中，液压驱动装置具有良好的静态和动态特性及较高的工作效率，因此具有液压、电液调节及随动调节驱动装置的工业机器人得到广泛的应用。这些装置，通过优化结构使得现代工业机器人的工作压力不断提高，并能在自身尺寸小和重量轻的情况下输出更大的扭矩。但液压驱动存在着某些缺点，如价格贵，需要的独立液压源（泵站）和管道，笨重，漏油，还需要油源冷却装置，调整工作成本高等。

当不需要大扭矩、大推力的情况下，工业机器人可以采用气压驱动装置。该类装置具有控制简单、成本低、可靠、没有污染、有防爆和防火性能等优点。但气压驱动装置存在着某些缺点，如静刚度低，难以保持预定的速度，难以实现精确定位，需要配备专用储气罐及防锈蚀的润滑装置等。

目前得到广泛应用的是具有成套电液驱动的装置，其无论对回转运动还是对直线运动，在恒定转矩下，该装置均具有调速范围宽的特点。

（1）工业机器人液压传动（驱动）装置

液压缸用于实现在工业机器人液压驱动装置中的直线运动，其工作用的矿物油要求具有一定的黏度。

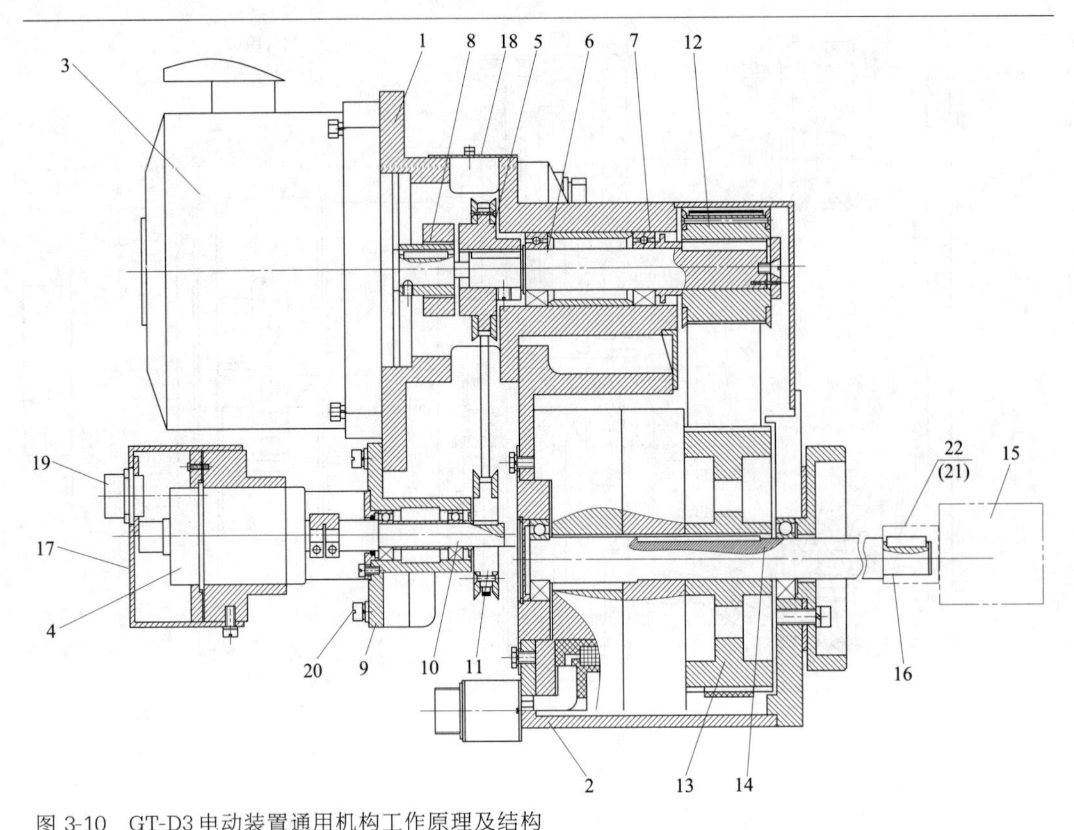

图 3-10　GT-D3 电动装置通用机构工作原理及结构

1—托架；2—机体；3—直流电动机；4—测速发电机；5，11—带轮；6，10—轴；7—轴承；8，22—联轴器；9—套筒；12—齿形带传动带轮；13—被动带轮；14，16—输出轴；15—减速装置；17，18—罩；19，20—电缆接头；21—位置传感器

液压缸体一般是采用精密钢管制造，用铰链连接。在液压缸中活塞和活塞杆之间的摩擦力要小，由于缸体内有制动装置，故可在活塞杆行程终端时调节制动状况。

液压缸具有重量轻、尺寸小、密封性好、使用寿命长、启动时摩擦力和压力小，并且在大负载和高速下活塞在行程终点停留时无冲击等特点。

（2）工业机器人成套液压传动（驱动）装置

工业机器人成套液压传动（驱动）装置包括直线电液步进驱动装置、电动步进马达与液压扭矩放大器、回转式液压马达等。

直线电液步进驱动装置是用来实现按程序往复运动的工业机器人机构。用脉冲形式表现往复运动程序，脉冲数决定了给定位移，而脉冲频率决定此位移的速度。

电动步进马达与液压扭矩放大器一起作为驱动装置的控制装置，此时液压扭矩放大器可以是一种特殊结构的液压随动阀。

（3）工业机器人的成套电液驱动装置

成套电液驱动装置包括液压马达、带电磁控制的液压扭矩放大器、测速发电机等。某些成套电液驱动装置依靠与马达轴相连的旋转变压器式位移传感器及减速器来保证随动工作状态；旋转变压器和电机轴借助于减速器相连。

① 直线步进电液马达可以用于开环控制（无位置反馈传感器），但在高速移动的情

况下，某些直线步进电液马达要与液压缸活塞杆的位置传感器配套。某些直流伺服电动机可以代替步进电动机作为控制装置。

② 电液伺服驱动装置是用来实现操作机杆件直线运动的。当采用橡胶与聚四氟乙烯垫片相结合密封方式，使得液压缸的摩擦很小。用节流阀来调节活塞杆在行程终点位置的制动状态；采用旋转变压器作为位置反馈。

回转式液压随动驱动装置：由于液压马达的输出轴与执行机构（如操作机手臂或手腕）的无减速器连接，而使工业机器人机构可能得到最大限度的简化。可以使用各种形式的液压马达作为回转式液压随动驱动装置的执行液压马达。

③ 通用液压站。在工业机器人和其他工作机的液压系统中，它是用于净化、冷却和工作液体（油）的传递。某些液压站的外形尺寸小，可以装入操作机的基座腔中。当液压站采用成套组装时，液压站可以与外部冷却装置相结合。可以采用压缩空气或矿物油作为工作介质。

3.3.2.2 装置的结构

（1）带液压缸的手臂伸缩驱动装置

带液压缸的驱动装置如图 3-11 所示，该机构主要用于工业机器人操作机的手臂伸缩。

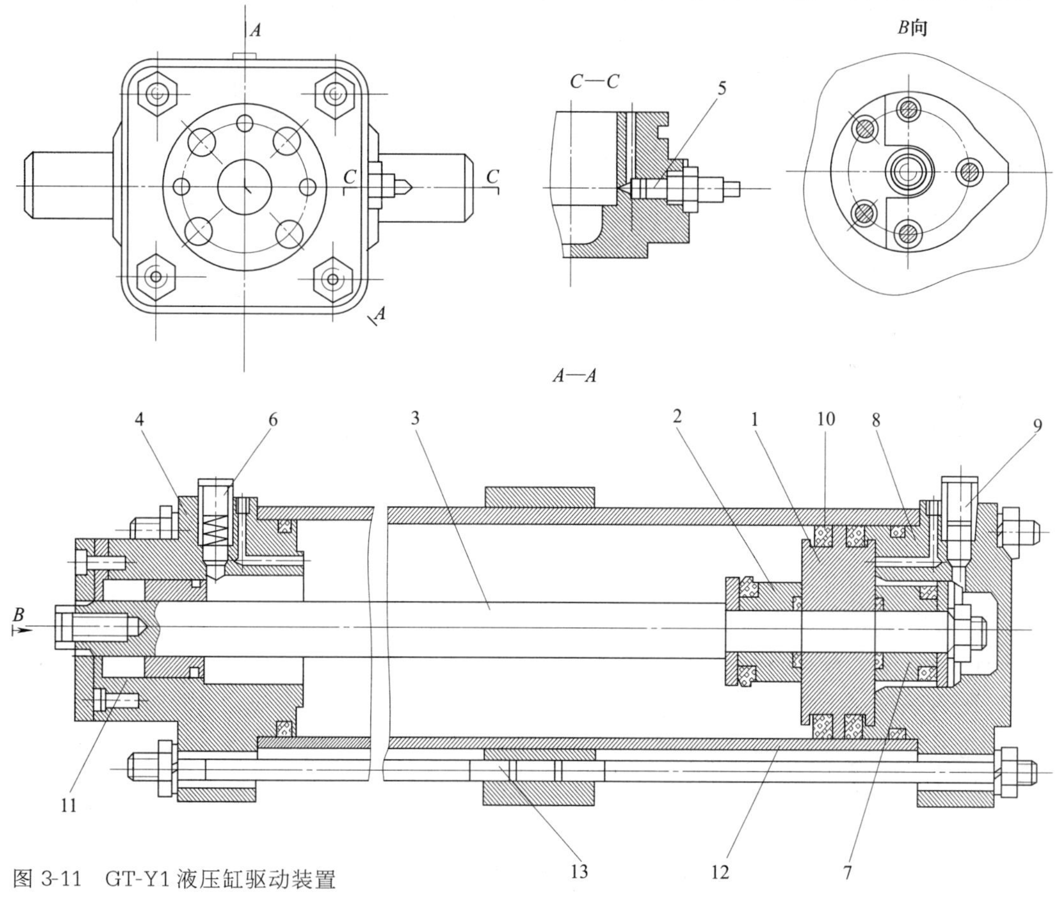

图 3-11　GT-Y1 液压缸驱动装置

1—活塞；2—左轴套；3—活塞杆；4—左端盖；5—节流阀；6—左端管接头；7—右轴套；8—右端盖；9—右端管接头；10—U 形大密封圈；11—U 形小密封圈；12—套筒；13—拉杆

GT-Y1 液压缸驱动装置的特点是活塞在行程的终点能自动双向制动。当向工作腔供给压力时，活塞向左移动；在行程的终点时，固接在活塞杆的左轴套进入左端盖的孔中，端盖里装有节流阀。此时装在左端管接头中的单向阀遮住溢流孔，液压油通过节流阀流出，因而活塞杆的运动速度减慢。当向活塞杆腔供给压力时，装在左端管接头中的单向阀打开，活塞以较大的速度向右移动。

当右轴套进入右端盖的孔中，通过装在右端管接头中的单向阀和在右端盖中的节流阀进行类似的制动过程。活塞用 U 形大密封圈密封，而活塞杆则用 U 形小密封圈密封。左、右端盖用拉杆拉紧并靠到套筒上。

（2）带气-液缸的手臂提升机构传动装置

带气缸-液压缸的驱动装置如图 3-12 所示，该机构主要用于工业机器人操作机的手臂提升。

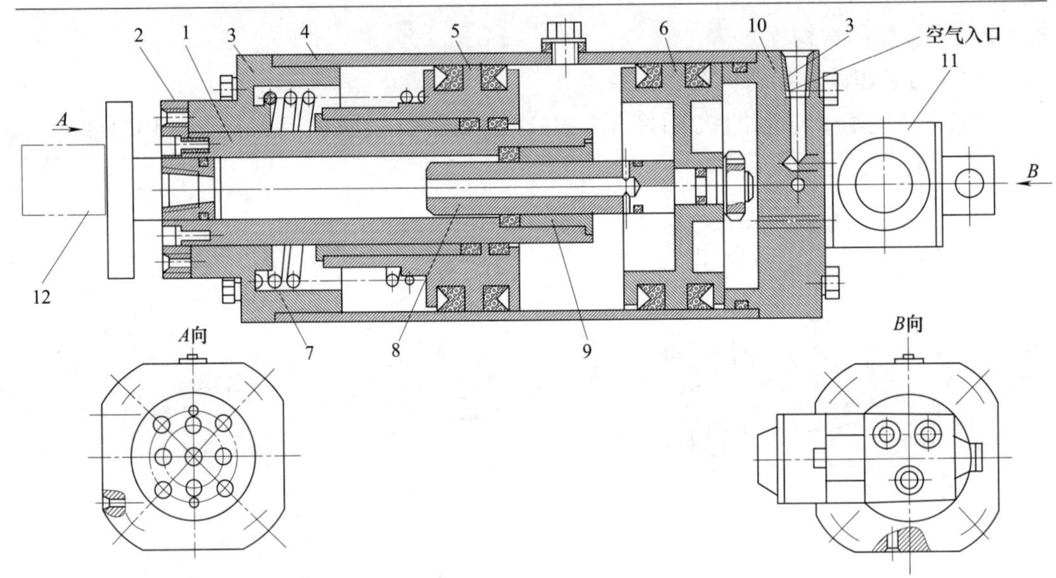

图 3-12　GT-Y2 气-液手臂提升机构传动装置

1—滑套（套筒）；2—法兰；3—左端盖；4—缸套；5—左活塞；6—右活塞；7—弹簧；8—活塞杆；9—导向套；10—右端盖；11—空气分配装置；12—手臂机构

GT-Y2 气-液手臂提升机构传动装置中，操作机手臂机构是通过法兰连接的；手臂机构、滑套可在端盖的内孔中移动。端盖被拧紧在缸套上；缸套中有两个活塞，其中，左活塞安装在套筒外表面的衬套上，并且用弹簧压向左活塞的支撑环，右活塞则装在活塞杆上，此时活塞杆可以沿滑套的内装导向套往返移动。活塞杆的中心轴向孔通过径向小孔将左、右活塞之间的缸体内腔相连。在缸套的右端盖上固定着空气分配装置，空气分配装置上带有压缩空气排吸槽。在法兰上固定着向液压缸内腔排吸油的管接头。在法兰上固定着向液压缸内腔排吸油的管接头。左、右活塞及缸套之间的活动连接用 U 形密封圈密封，滑套相对于左活塞及活塞杆均用 U 形密封圈密封。

手臂提升过程：当向缸套内腔供给压力油时，左、右活塞分离并压在端盖的挡块上，并压缩弹簧；这一工况同样适用于切断气缸空气时的状况。 此时，套筒由缸体伸出一定行程，从而实现操作机手臂的提升。

手臂下降过程：当停止供油时，左、右活塞相互靠近，油由缸体内腔通过活塞杆上的小孔流出，实现操作机手臂快速下降；弹簧推动左活塞，促使套筒的运动速度增加。当在右活塞行程到终点时，导向套遮住活塞杆上的径向小孔，套筒在碰到挡块之前产生制动，这一工况同样适用于切断输入空气时的状况。

工业机器人控制装置

机器人的控制装置是执行机器人控制功能的设备的总称，是机器人最为关键的零部件之一。 工业机器人的控制装置是由控制器、驱动装置、测量系统等组成。 其中控制器是机器人的大脑，是决定机器人功能和性能的主要因素，根据程序指令以及传感器信息控制机器人来完成一定的动作或作业任务，即控制工业机器人在工作空间中的运动位置、姿态和轨迹、操作顺序及动作的时间等，保证机器人系统的正常运行，达到所要求的技术指标。

机器人任何状态的改变离不开控制器对驱动装置的控制和指挥作用，机器人的顺利运行，需要如下控制器的作用：机器人工作空间中的运动位置、姿态和轨迹的改变，往往需要控制器进行复杂的解算，运动的实现需要伺服电机的运动来实现。 伺服电机的控制需要伺服控制装置或伺服控制器。 现在的伺服控制器能满足位置、速度、转速等各项控制，只要根据控制目标选用即可。 运行中运动位置、姿态和轨迹状态的判定，离不开传感器的作用，需要有传感器信息接收处理模块。 当机器人需要接收上位机的指令或者多台机器人进行协作工作时，离不开网络的信息传递，进行网络信息传递的装置称为网络接口模块。 不同复杂程度的机器人，执行任务的复杂性也不同，对应的控制装置也不同，成本也各异。

4.1 工业机器人控制系统简介

4.1.1 典型工业机器人控制系统硬件结构

典型的工业机器人控制器采用多 CPU 计算机结构，分为主控制计算机、数字位置伺服控制卡和编程示教盒等。 主计算机和编程示教器可通过串口进行异步通信，主计算机和数字位置伺服控制卡实现实时通信，传递运动控制信息。 主控制计算机完成机器人的运动规划、插补和主控逻辑、数字 I/O 以及通信联网等功能，数字位置伺服控制卡完成机器人的位置运动控制，编程示教器则实现机器人控制器的人机交互功能。 一个典型的工业机器人控制系统硬件结构如图 4-1 所示。

图 4-1 中的主控制计算机为控制系统的调度指挥机构，主机系统一般配备实时操作系统，满足数据的实时传输，提升系统的稳定性。 主控制器负责整个系统管理，如信

息的处理或显示、数据的存储、监控信息的显示、信息的打印处理、数据的二次开发利用等。系统具有良好的人机界面和交互功能，便于操作人员对系统状态的全面掌控。主控制计算机关键作用是负责机器人运动学的计算、轨迹规划等，这部分对实时性要求非常高，是系统可靠运行的关键。机器人系统在管理和操作机器人时，其末端执行机构必须处于合适的空间位置和姿态，简称位姿。位姿是由多个机器人运动的关节合成，要准确完成机器人的运动控制，必须明确机器人各关节变量空间和末端执行机构的关系，即要建立机器人的运动学模型。一台机器人的几何机构一旦确定，其运动学模型也就随之确定，机器人的精确控制需要控制器解决运动学以下两类基本问题。

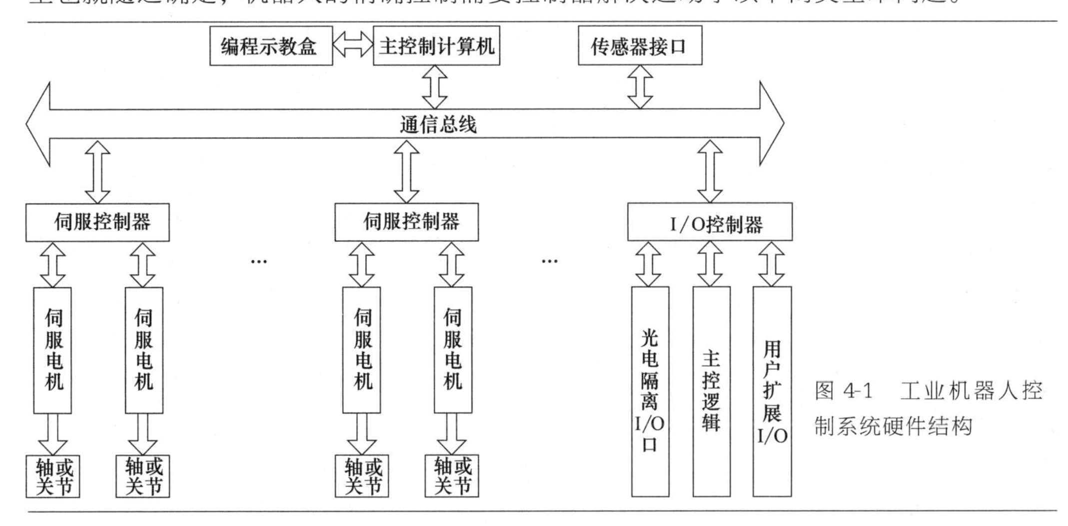

图 4-1　工业机器人控制系统硬件结构

① 运动学正问题。机器人的操作机构已给定，各关节矢量已知，求解末端执行机构相对于参考坐标系的位姿，称为运动学正解问题。机器人进行示教时，机器人控制器即逐点进行正向运动学的正解运算。

② 运动学逆问题。机器人的操作机构已给定，已知末端执行机构相对于参考坐标系的位姿，求解各关节角度矢量，称为运动学逆解问题。机器人进行再现状态时，机器人控制器即逐点进行运动学的逆向运算，求取各关节所需的角矢量，驱动系统按照计算的角矢量运动，即可复现末端执行机构的运动状态。

控制机器人末端执行机构的位姿，目的是为了实现点位运动和连续路径运动。点位运动是指机器人末端执行机构从起点运动到目标点，不关心其在两点之间采用何种运动轨迹。连续路径运动既关心末端执行机构在目标点的运动精度，又要保证机器人沿着期望的轨迹，且满足给定的精度要求情况下，能够重复运动。连续路径运动的实现是以点位运动为基础，通过在点与点之间进行直线或圆弧插补运算来实现轨迹的连续化。主控制器的功能是完成运动轨迹的解算工作，并且将控制参数传输到伺服控制器。

编程示教盒：在机器人进行作业前，必须对机器人发出命令，规定它应该执行的动作和作业的内容，这个过程称为对机器人的示教或编程。在编程过程中，要用到机器人语言。机器人语言按照作业描述水平的高低可以分为三类：动作级、对象级和任务级。动作级语言一般以机器人的动作行为为描述中心，由一系列命令组成，一般一个命令对应一个动作，语言简单，易于编程，但是不能进行复杂的数学运算。对象级语言是以描述操作物之间的关系为中心的操作语言。任务级语言是比较高级的机器人语言，只要按照某种原则给出最初的环境模型和最终的工作状态，机器人可自动进行推理计算，生成机器人的动作。

在线示教是由技术人员引导，控制机器人运动，记录机器人作业的程序点并插入所需的机器人命令来完成程序的编制。其操作简单直观，技术人员在现场根据实际情况进行编程，基本上无需过多更改，错误率低，但编程效率低，难以满足频繁改变任务的场合。

离线示教是指脱离机器人和实际的工作环境，通过计算机对机器人进行离线的编程，技术人员不对机器人实体进行控制，是在离线编程系统中进行编程或在模拟环境中进行仿真，生成示教数据，常用于工作人员对工作环境比较熟悉，所建立的 3D 模型能真实反映机器人的实际工作状态。此方法方便技术工作人员进行脱离实际的机器人示教，便于和 CAD/CAM 相结合，进而与机器人系统生成一体化操作，但对技术人员的技术水平要求高，实现也较在线示教复杂。目前基于 PC 机的机器人三维可视化离线编程和虚拟示教系统，能够实现在虚拟条件下对机器人的仿真在线示教，操作也较离线示教简单，经过示教系统示教仿真后，再将作业文件下载到机器人的控制器完成示教。示教的内容通常存储在机器人的控制装置内，通过再现就能实现机器人的动作和完成机器人的作业。其功能是由示教盒来示教机器人的工作轨迹和参数设定，以及所有人机交互操作。示教盒拥有自己独立的 CPU 以及存储单元，与主计算机之间以串行通信方式实现信息交互。

机器人的作业示教的信息大致可以分为三大类：①位置与姿态信息，即描述机器人动作路径和定位点的信息。②顺序信息，即机器人的动作顺序信息和机器人与周边装置的同步关系。③动作与作业条件信息，即有关机器人动作的速度、加速度以及作业条件。

操作面板：由各种操作按键、状态指示灯构成，只完成基本功能操作。

硬盘和软盘存储器：存储机器人工作程序的外围存储器。

数字和模拟量输入输出：各种状态和控制命令的输入或输出。

打印机接口：记录需要输出的各种信息。

传感器接口：用于信息的自动检测，实现机器人柔顺控制，一般为力觉、触觉和视觉等传感器。

伺服控制器：完成机器人各关节位置、速度和加速度控制。机器人自由度的高低取决于其可移动的关节数目，关节数越多，自由度越高，位移精准度也越出色，所需使用的伺服电机数量就相对较多。换言之，越精密的工业型机器人，其内的伺服电机数量越多，一般每台多轴机器人由一套控制系统控制，也意味着控制器性能要求越高。

辅助设备控制：用于和机器人配合的辅助设备控制，如手爪变位器等。

通信接口：实现机器人和其他设备的信息交换，一般有串行接口、并行接口等。

网络接口：通过网络接口实现数台或单台机器人的直接通信，数据传输速率高。通过直接在计算机上调用库函数进行应用程序编程，生成运行数据和程序，遵循系统支持的通信协议，通过网络接口可将相应数据及程序装入机器人各个控制器中，起到传输数据和指令作用，网络接口能够支持多种流行的现场总线规格。

4.1.2 工业机器人伺服控制系统

工业机器人伺服控制系统一般是由给定环节、测量环节、比较环节、放大运算环节、执行环节所组成，如图 4-2 所示。

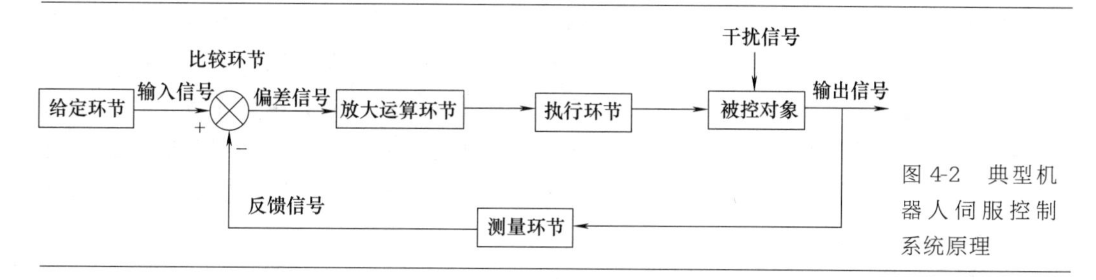

图 4-2 典型机器人伺服控制系统原理

给定环节：是给出输入信号的环节，用于确定被控制对象的“目标值”（或称为给定值），给定环节可以用各种形式（电量、非电量、数字量、模拟量等）发出信号。控制机器人运行的编程示教器是人机交互的设备，给机器人输入不同的指令信号。

测量环节：用于测量被控量，并把被控制量转换为便于传送的另外一个物理量。其表现形式是各种类型的传感器，如电位计可以将机械转角转换为电压信号。机器人的执行电机驱动均可采用三环控制，即位置环、速度环、电流环。由于系统对电机输出力矩变化响应快速性要求高，对电机的电流环的深度控制是快速响应的关键技术，电流环的干扰观测和前馈补偿算法的设计技术是关键。基于综合性能指标优化的预测控制算法、电机内部预测数学模型及闭环优化策略能够实现快速稳定的伺服响应。反馈测量元件指各种传感器，一般精度比较高，系统传动链的误差、闭环内各元件的误差以及运动中造成的误差都可以得到补偿，可以大大提高系统的跟随精度和定位精度。

比较环节：它是将输入信号与测量环节测量的被控制量的反馈量相比较，得到偏差信号，包括幅值比较、相位比较和位移比较等。

放大运算环节：是控制器的运算功能的实现，对偏差信号进行必要运算，然后进行功率放大，推动执行环节。常用的放大类型有电流放大、液压放大等。

执行环节：接收放大运算环节送来的控制信号，驱动被控制对象按照预期的规律运行。执行环节一般是一个有源的功率放大装置，工作中要进行能量转换。如把电能通过伺服电机转化为机械能，驱动被控制对象按照程序要求进行机械运动。伺服电机是机器人系统的执行环节。高精度的伺服电机系统是工业机器人实现精密控制的重要保障。工业机器人对电机要求特殊，如体积小、功率输出大、高负载、力矩变化响应快等指标要求。

机器人控制系统的信号有：输入信号（激励），控制输出信号变化规律；输出信号（响应），反馈信号，偏差信号，误差信号，扰动信号。

工业机器人的电气伺服控制系统按反馈情况可以分为开环控制系统和闭环控制系统。

（1）开环控制系统

开环控制系统是最简单的一种控制方式，特点是控制系统的控制量与被控制量之间只有前向通道，即只有从输入端到输出端的单方向通道，而无反向通道。系统中只有输入信号对输出信号产生控制作用，输出信号不参与系统的控制。开环机器人控制系统普遍采用步进电机驱动。

（2）闭环控制系统

闭环控制系统不仅有一条从输入端到输出端的前向通道，还有一条从输出端到输入端的反馈通道。参与系统控制的不只是系统的输入信号，还有输出信号，控制作用的传递路径是闭合的。闭环控制机器人系统多采用直流或交流伺服电机驱动，为负反馈控制系统。检测元件将执行部件的位移、转角、速度等量变换成电信号，反馈到系统的输入端并与指令进行比较，得出误差的大小，然后按照减少误差大小的方向控制驱动电路，直到误差减少到零为止。

图 4-3 为某工业机器人位置闭环控制系统原理。

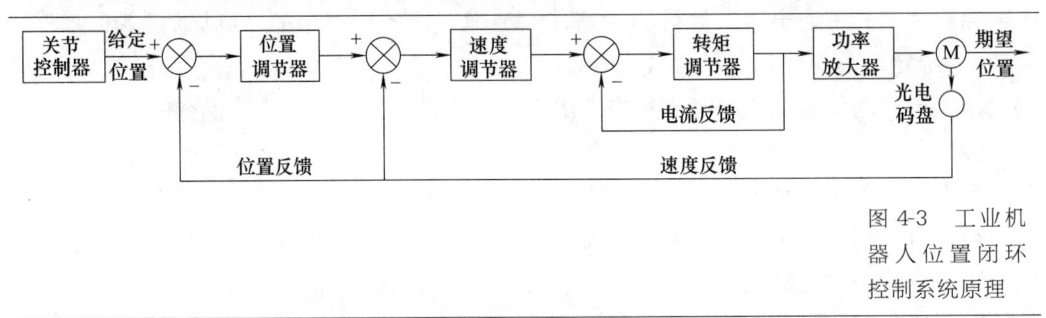

图 4-3　工业机器人位置闭环控制系统原理

机器人系统为了提高精度，需要对不同的测量信号进行修正，高精度的工业机器人控制系统一般为闭环控制系统，精度要求不高的工业机器人系统可以为开环控制系统。

4.1.3　机器人控制系统的功能及实现过程

4.1.3.1　机器人控制系统的功能

工业机器人控制系统是机器人的重要组成部分，用于对操作对象的控制，以完成特定的工作任务，控制系统由硬件电路系统和软件系统两部分组成，硬件电路系统采用模块化的体系结构，即采用计算机系统结构，控制模块分为机器人控制器、伺服控制器、光电隔离 I/O 模块、传感器处理模块和编程示教盒等。机器人控制器和编程示教盒通过串口或总线进行通信。机器人控制器的主计算机完成机器人的运动规划、插补和位置伺服以及主控逻辑、数字 I/O、传感器处理等功能，而编程示教盒完成信息的显示和按键的输入。

机器人控制器的软件系统采用模块化、层次化的软件系统。它是建立在实时多任务操作系统上，采用分层和模块化结构设计，以实现软件系统的开放性。整个控制器软件系统分为三个层次：硬件驱动层、核心层和应用层。三个层次分别面对不同的功能需求，对应不同层次的开发，系统中各个层次内部由若干个功能相对对立的模块组成，功能模块相互协作共同实现该层次所提供的功能。具有编程简单、软件菜单操作、友好的人机交互界面、在线操作提示和使用方便等特点。

机器人控制器的软件系统基本功能如下。

① 记忆功能　存储作业顺序、运动路径、运动方式、运动速度和与生产工艺有关的信息。

② 示教功能　包括离线编程、在线示教、间接示教。在线示教包括示教盒和导引示教两种。在线示教可以通过手动牵引的直觉示教、基于多传感器融合的示教和基于人工演示的直觉示教等方法完成。

手动牵引的直觉示教方法：基本工作原理是将操作者的手动牵引力通过安装于机器人关节或末端的力/力矩传感器按操作者施力的大小和方向转换成机器人速度或位置控制信号，这样机器人就可以随着操作者的手动牵引而运动，同时记录运动轨迹，从而实现手动牵引的直觉示教。

基于多传感器融合的示教方法：为了提高示教的效率、精度和操作安全性，多传感信息融合技术已经被应用于工业机器人的示教编程，比如融合了视觉传感器与激光测距传感器信息的示教方法。在没有工件三维数字模型的情况下，也可以通过一个具有人机交互功能的图形界面，直觉、方便地进行机器人的示教编程；而融合了视觉、激光测距和工件数模信息的示教方法则实现了增强现实技术在工业机器人准确示教和快速编程上的应用，该方法还可以与离线编程的方法相结合，进一步提高编程效率，而且无需进行机器人的标定。

基于人工演示的直觉示教方法：此方法主要以示教笔代替传统的示教器，通过在示教笔上加装定位用的标识，当操作者手持示教笔沿着目标轨迹运动时，示教笔的实际运动就可以被一个基于视觉的运动追踪系统捕获，实现运动轨迹的直觉示教。最近的研究开始将手势、语音、触觉等信息引入人工演示，实现了多模态接口，使得示教编程输入方法更直观和自然。不足之处在于人工演示的精度偏低，该方法尚不适合高精度的示教编程。

③ 与外围设备联系功能　包括输入和输出接口、通信接口、网络接口、同步接口。当前机器人的应用工程由单台机器人工作站向机器人生产线发展，机器人控制器的联网技术变得越来越重要。控制器上具有串口、现场总线及以太网的联网功能。可用于机器人控制器之间和机器人控制器同上位机的通信，便于对机器人生产线进行监控、诊断和管理。

④ 坐标设置功能　包括关节、直角、工具、用户自定义四种坐标系。

关节坐标系：机器人各轴均可实现单独正向或反向运动，适合大范围运动，对工具中心点（TCP）的姿态无要求的情况。

直角坐标系：机器人示教和编程常用坐标系，定义原点为机器人安装面与第一转动轴的交点。能够很好地设定 TCP 点在空间沿直角坐标轴的平行移动。

工具坐标系：工具坐标的原点设定在 TCP 点，在进行相对于工件不改变工具中心点的姿态的平移操作时，选用工具坐标最适宜。

用户坐标系：用户自行定义的坐标系统，当机器人有多个工作台时，选择用户坐标更为简单。

⑤ 人机接口模块输入输出功能　示教盒和操作面板为输入装置，输入系统所需信息；显示屏为输出装置，显示系统的管理信息和状态信息。

⑥ 传感器模块感知功能　将位置检测、视觉、触觉、力觉等信息输入系统中，以备控制和显示使用。

⑦ 位置伺服功能　完成机器人的多轴联动、运动控制、速度和加速度控制、动态补偿等。

⑧ 故障诊断安全保护功能　包括运行时系统状态监视、故障状态下的安全保护和故障自诊断。通过各种信息，对机器人故障进行诊断，并进行相应维护，是保证机器人安全性的关键技术。

⑨ 控制总线传输功能　控制总线传输功能有两类：一类是国际标准总线控制系统，采用国际标准总线作为控制系统的控制总线。另一类为自定义总线控制系统，由生产厂家自行定义使用的总线作为控制系统总线。

⑩ 编程方式　有如下三种方式：

a. 物理设置编程系统。由操作者设置固定的限位开关，实现启动、停车的程序操作，但只能用于简单的拾起和放置作业。

b. 在线编程。通过人的示教来完成操作信息的记忆过程编程方式，包括直接示教、模拟示教和示教盒示教。

c. 离线编程。不对实际作业的机器人直接示教，而是脱离实际作业环境，示教程序通过使用高级机器人编程语言，远程式离线生成机器人作业轨迹。

4.1.3.2　工业机器人功能的一般实现过程

① 操作者通过编程示教盒对机器人发布作业、动作、运动之类的命令　示教盒可以通过各种开关、操作杆、键盘、画面输入等方式进行，有些机器人还配置一些固有的示教方式，如在机器人动作端进行直接示教、加装悬吊式示教器、主臂等。

② 智能遥控　为把操作者的意图顺利准确地解读成能被机器人或机器执行的信息，即转换为机器接纳数学模型和数字的问题，设计人员提出了各种设想，如简单的开关、符号式的语言、逻辑表达式，并把具有智能性的专家系统、模糊控制、神经网络等处理方式加入系统中，这有助于机器人对人的理解，并有效地把机器人的状态通过合适的显示装置表达出来。

③ 作业规划　机器人需要生成合适的作业顺序，并且该阶段要能够做到正确的人机交互，即生成的作业规划要使得人们能够准确地理解。将通常的机器人控制机构设计成分层递阶的集成化系统，能够有效地利用软件系统的资源，生成更有柔性的作业规划程序。

④ 运动规划　该阶段的目的是基于作业和移动等的规划，生成适合工业现场作业或移动的轨迹，将生成指令直接发送给下位机系统进行处理。其任务是用函数来内插或逼近给定的路径，并沿时间轴产生一系列的控制设定点，用于控制机器人关节的运动，常用的轨迹规划方法有空间关节插值法和笛卡尔空间规划法。如机械手接收手部轨迹生成指令、障碍物回避指令等；移动机器人生成与机器人能力相应的轨迹，如回转半径、修正路面轨迹、障碍物回避等。

⑤ 运动控制　目的是将生成运动规划的机器人的轨迹转换为具体实现该轨迹的机械坐标系，即各关节运动的角度、角速度、关节转矩等，需要通过运动控制系统进行复杂的实时坐标变换计算，其与伺服控制系统一起构成了机器人控制最重要的部分。

⑥ 伺服控制系统　在运动控制系统中，伺服控制的运行需要根据一条条命令来执行，需要将控制信息分解为单个自由度系统能够执行的命令。伺服控制的主流方式是伺服驱动器，即由伺服驱动器来驱动伺服电机执行机构，实现每一个关节的角度、角速度和关节转矩的控制。

⑦ 伺服驱动器　伺服驱动器能满足位置、速度、转矩等各项控制，根据不同的控制目标选用即可。伺服驱动器一般为硬件伺服驱动，现在也出现了软件伺服驱动器，能实现更加细微的控制，便于将硬件系统分离出来，更好地应对开放式系统。传统的伺服驱动器和伺服电机的匹配是固定的，现在由于软件控制的引入，电机和驱动器只要设计合理，不同产品也能够做到通用化。

⑧ I/O 传感器　在反馈控制中，需要通过各种传感器来掌握机器人各层级的状况，为了增加系统的可靠性，传感器一般配置在控制系统的下位层级，来观测系统的状态，及时对系统状态做出反应。

⑨ 传感器信息转换　传感器获取的原始数据需要转换成最简单的物理量，并以适合伺服系统的反馈信息（位置、速度、转矩）进行输出，同时要上传机器人上位机系统所需要的信息。

⑩ 运动状态信息处理　将运动状态信息加工后传送给运动控制系统，将机器人上位系统所需信息传送到位。在传感器信息转换系统中，将上位系统必需的未处理信息进行旁路输出。

⑪ 动作状态信息处理　加工运动规划信息并输出到运动规划单元，将上位机需要的信息传送过去。在运动状态信息处理系统中，只有上位系统必需的未处理信息才进行旁路输出。

⑫ 作业信息处理　对作业规划必需的信息进行加工，然后输出到作业规划单元，并输出显示和诊断异常信息所需信息。

⑬ 显示处理　显示各种必需的信息，显示的内容尽量与实时控制无关。

⑭ 异常处理　对于无法预测的事件，能够给出异常事件状态的预警，并通过有效的方式提醒操作者。

⑮ 与外部设备的连接　与外部机器人的连接应该建立在控制系统中相同层级之间的连接基础上，可以通过接口的方式将最下层的传感器信息系统或最上层的作业信息处理系统连接起来。

4.1.4　机器人控制系统控制方式

机器人控制系统按其控制方式可分为集中控制系统、主从控制系统和分布式控制系统三类。

4.1.4.1　集中控制系统

用一台计算机实现全部控制功能，结构简单，成本低，但实时性差，难以扩展，在早期的机器人中常采用这种结构，其构成框图如图 4-4 所示。基于 PC 的集中控制系统，充分利用了 PC 资源开放性的特点，可以实现很好的开放性。多种控制卡、传感器设备等都可以通过标准 PCI 插槽或通过标准串口、并口集成到控制系统中。

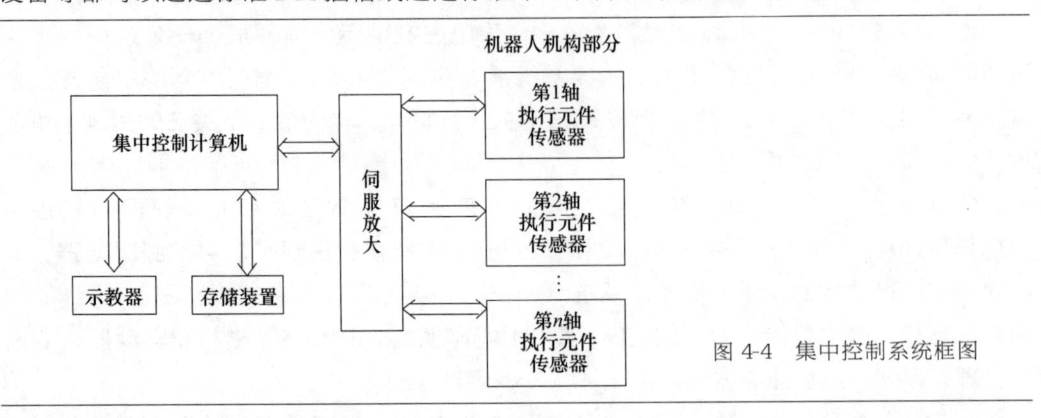

图 4-4　集中控制系统框图

集中式控制系统的优点是：硬件成本较低，便于信息的采集和分析，易于实现系统的最优控制，整体性与协调性较好，基于 PC 的系统硬件扩展较为方便。其缺点也显而易见：系统控制缺乏灵活性，控制危险容易集中，一旦出现故障，其影响面广，后果严重；由于工业机器人的实时性要求很高，当系统进行大量数据计算时，会降低系统实时性，系统对多任务的响应能力也会与系统的实时性相冲突；此外，系统连线复杂，会降低系统的可靠性。

4.1.4.2　主从控制系统

采用主、从两级处理器实现系统的全部控制功能，其构成框图如图 4-5 所示。主 CPU 实现管理、坐标变换、轨迹生成和系统自诊断等，从 CPU 实现所有关节的动作控制。主从控制方式系统实时性较好，适于高精度、高速度控制，但其系统扩展性较差、维修困难。

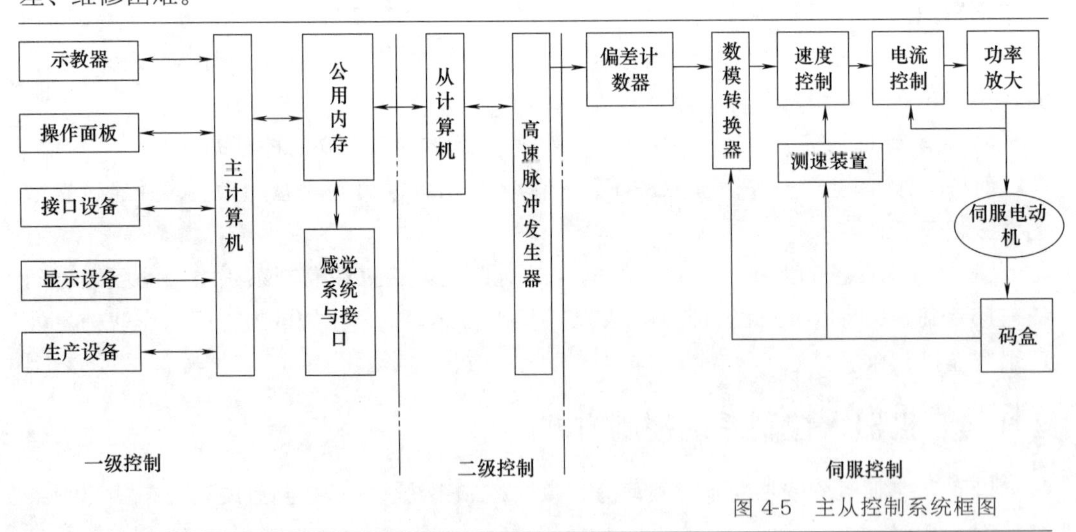

图 4-5　主从控制系统框图

4.1.4.3　分布式控制系统

按系统性质和方式将系统控制分成几个模块，每一个模块各有不同的控制任务和控制策略，各模块之间可以是主从关系，也可以是平等关系。这种方式实时性好，易于实现高速、高精度控制，易于扩展，可实现智能控制，是目前流行的方式，其控制框图如图 4-6 所示。其主要思想是“分散控制，集中管理”，即系统对其总体目标和任务可以进行综合协调和分配，并通过子系统的协调工作来完成控制任务，整个系统在功能、逻辑和物理等方面都是分散的，所以又称为集散控制系统或分散控制系统。这种结构中，子系统是由控制器和不同被控对象或设备构成，各个子系统之间通过网络实现相互通信。分布式控制结构提供了一个开放、实时、精确的机器人控制系统。分布式系统中常采用两级控制方式。

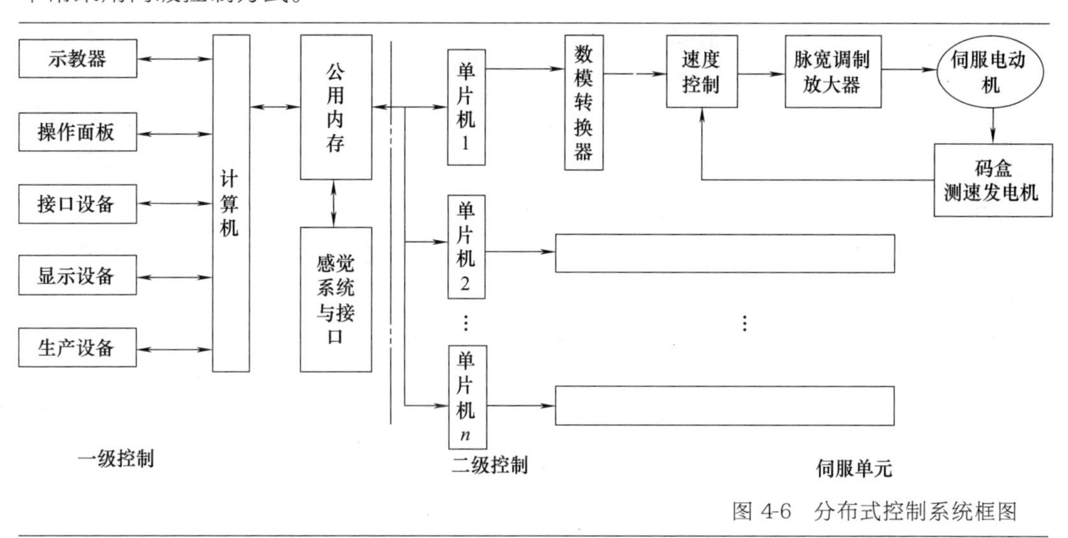

图 4-6　分布式控制系统框图

两级分布式控制系统通常由上位机、下位机和传输网络组成。上位机可以进行不同的轨迹规划和控制算法，下位机进行插补细分、控制优化等的研究和实现。上位机和下位机通过通信总线相互协调工作，通信总线可以是 RS-232、RS-485、EEE-488 以及 USB 总线等形式。现在，以太网和现场总线技术的发展为机器人提供了更快速、稳定、有效的通信服务，尤其是现场总线，它应用于生产现场、在微机化测量控制设备之间实现双向多结点数字通信，从而形成了新型的网络集成式全分布控制系统——现场总线控制系统（Filedbus Control System，简称 FCS）。在工厂生产网络中，将可以通过现场总线连接的设备统称为“现场设备/仪表”。从系统论的角度来说，工业机器人作为工厂的生产设备之一，也可以归纳为现场设备。在机器人系统中引入现场总线技术后，更有利于机器人在工业生产环境中的集成。

分布式控制系统的优点在于：系统灵活性好，控制系统的危险性降低，采用多处理器的分散控制，有利于系统功能的并行执行，提高系统的处理效率，缩短响应时间。

对于具有多自由度的工业机器人而言，集中控制对各个控制轴之间的耦合关系处理得很好，可以很简单地进行补偿。但是，当轴的数量增加到使控制算法变得很复杂时，其控制性能会恶化。而且，当系统中轴的数量或控制算法变得很复杂时，可能会导致系统的重新设计。与之相比，分布式结构的每一个运动轴都由一个控制器处理，这意味着，系统有较少的轴间耦合和较高的系统重构性。

4.1.5 工业机器人控制系统的基本要求

高性能工业机器人的动态特性包括其工作精度、重复能力、稳定度和空间分辨度等，能够实现点对点的控制和连续的路径控制，在多轴协调控制、速度、加速度、运动精度等方面有更高的指标要求。从控制系统观点来讲，机器人控制系统的技术指标要求是系统的稳定性、快速性、准确性，简称稳、快、准。

① 稳定性　是指描述动态过程中的振荡倾向和系统能够恢复平衡状态的能力。一个稳定系统在偏离平衡状态后，其输出信号应该随着时间而收敛，最后回到初始的平衡状态。稳定性是控制系统工作的首要条件。以工业机器人运动单位位移为例，即要求机器人在接到信号指令时，无论是执行点位控制，还是连续路径控制，在执行过程中，系统能够平稳地从一个状态过渡到另一个平稳状态。下面用 MATLAB 仿真绘制的图形来揭示系统的稳定性。

当机器人控制系统被施加一个给定位移值时，经过一定时间的动态过程，被控量随时间变化分别呈现出收敛、振荡和发散状况，分别如图 4-7~图 4-9 所示。图 4-7 为衰减的振荡，控制系统是稳定的。稳定性是机器人系统正常工作的首要条件，即系统必须是稳定的，即在发生状态改变时，系统能够逐步衰减并过渡到新的平衡状态。图 4-8 呈现等幅振荡现象，对应着系统临界稳定，也属于不稳定状态。如机器人末端在定位时发生在定位点附近的等幅震荡现象，使得系统迟迟不能很好的定位，就是这种不稳定的表现。图 4-9 是发散的振荡，对应着系统不稳定情况。不稳定的情况使得机器人工作状态受到严重影响，甚至发生机械系统因此损坏及伤人事件。这要求控制系统的设计参数应合理，过渡过程应能够平滑、稳定地进行，以达到反应系统的稳定性指标要求。

② 快速性　指当系统的输出信号与给定的输入信号之间产生偏差时，消除这种偏差的时间长短。工业机器人技术指标中使用速度作为快速性的指标，速度对于不同的用户需求不同，主要取决于工作需要完成的时间。技术规格表上通常只是给出最大速度，机器人能提供的速度介于 0 和最大速度之间，其单位通常为度/秒。一些机器人给出了所能达到的最大加速度，用来表征机器人系统的反应快慢指标。在满足稳定性的前提下，系统的速度越快，完成工作的效率相对就越高。

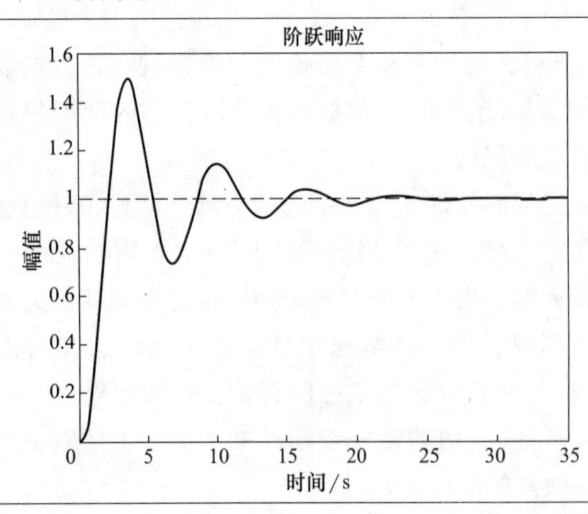

图 4-7　稳定状态

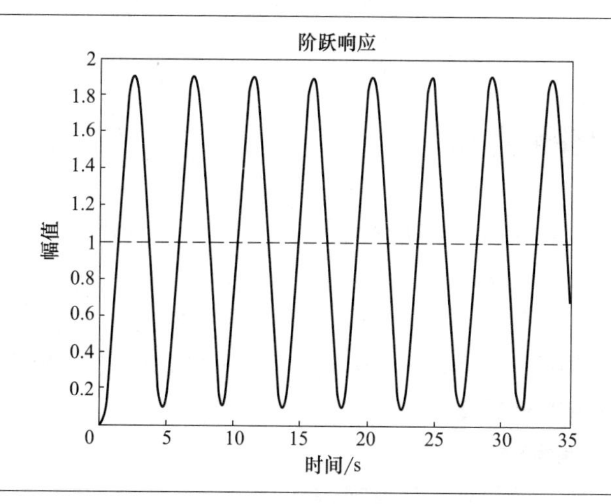

图 4-8　不稳定的等幅运动状态

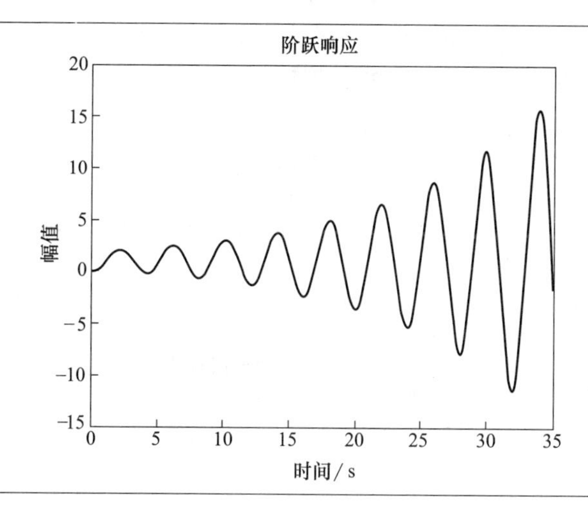

图 4-9　不稳定的发散运动状态

③ 准确性　是指在调整过程结束后输出信号与给定的输入信号之间的偏差，或称为静态精度。这也是衡量系统工作性能的重要指标。机器人技术指标使用重复精度表征其准确性，参数的选择取决于应用。重复精度是机器人在完成每一个循环后，到达同一位置的精确度或差异度。通常情况下，机器人可以达到 0.5mm 以内的精度，甚至更高。例如，如果机器人是用于制造计算机芯片，就需要一台超高重复精度的机器人；如果所从事的应用精度要求不高，那么机器人的重复精度可以不用太高。实际上，由于机器人重复精度的变化并不是线性的，所以应允许重复精度在某一个公差范围内。

对同一个机器人系统来讲，稳定性、准确性、快速性是相互影响的。如快速性提高了，可能系统的重复精度会相应下降，即准确性会受到影响。对控制系统来讲，关键是寻求三者之间最好的平衡。

总之，机器人在运动过程中，由于机器人执行机构的惯性力、耦合反应力和重力负载都随着运动空间的变化而变化，并且机器人执行部件多，往往多轴同步运动操作，增加了控制的难度。实质上机器人的每一个关节的运动都是一个非线性关节间耦合的变负载系统。因此，要使机器人控制系统能够完全克服这些不利条件而实现高精度、高速度、高动态品质的控制是非常复杂和困难的。

4.2 工业机器人程序控制装置

工业机器人程序控制装置是指可通过编制软件程序来实现柔性控制操作的装置，其主要的程序控制装置有可编程控制器（PLC）、单片机系统、工业控制计算机等。机器人控制器以PLC、嵌入控制器和专用控制器等作为控制系统程序控制装置。工业机器人控制系统是现代运动控制系统应用的一个分支，所用的程序控制装置中最重要的是运动控制器，常用的运动控制器从结构上主要分为以下三类。

① 以单片机为核心的机器人控制系统。

② 以可编程控制器（PLC）为核心的机器人控制系统。

③ 基于工业个人计算机（IPC）＋ 运动控制器的机器人控制系统。

三类常用工业机器人运动控制器的系统组成和特点见表4-1。

表4-1 常用工业机器人运动控制器分类

常用运动控制器分类	系统组成	系统特点
单片机为核心	单一芯片集成基本计算机系统	系统集成度高，电路原理简洁，系统成本低
PLC系统为核心	自控技术与计算机技术集成工控系统	系统可靠性高、体积小、环境适应性强
IPC+运动控制器	计算机通用平台与实时软件系统集成	系统通用性强，构建速度快

以单片机为核心的机器人控制系统是把单片机嵌入运动控制器中，能够独立运行并且带有通用接口以便与其他设备通信。单片机是单一芯片集成了中央处理器、动态存储器、只读存储器、输入输出接口等，利用它设计的运动控制器电路原理简洁、运行性能良好、系统的成本低、经济性好。

在以PLC为核心的机器人控制系统中，PLC即可编程逻辑控制器，是一种用于自动化实时控制的数位逻辑控制器，专为工业控制设计的计算机，符合工业环境要求，是自控技术与计算机技术结合而成的自动化控制产品，广泛应用于目前的工业控制各个领域。此控制系统技术成熟、编程方便，在可靠性、扩展性、对环境的适应性方面有明显优势，并且有体积小、方便安装维护、互换性强等优点；有整套技术方案供参考，可以缩短开发周期。和以单片机为核心的机器人控制系统一样，一般PLC系统不支持先进的复杂的算法，不能进行复杂的数据处理，虽然一般环境可靠性好，但在高频环境下运行不稳定，不能满足机器人系统的多轴联动等复杂的运动轨迹。

基于IPC+运动控制器的控制系统的软件开发成本低，系统兼容性好，系统可靠性提高，计算能力优势明显。由于计算机平台和嵌入式实时系统的使用为动态控制算法和复杂轨迹规划提供了硬件方面的保障，所以，此系统必将成为工业机器人控制系统的一个应用发展方向。

上述机器人运动控制器的分类不是绝对的，单片机系统随着芯片功能的提升已经能和独立的操作系统及应用软件系统相结合，极大地扩展了系统性能；PLC 系统也在运算的复杂性和数据处理方面充分利用现代计算机技术和软件技术进行了改进，相关功能也正在获得极大提升；IPC 系统因为通用化平台技术和实时内核的操作系统正在弥补系统原有快速性和稳定性不足的缺陷。三者在发展过程中，都在不断地利用现代计算机最新的硬件平台系统和软件操作系统以及专业应用软件系统等的最新技术发展成果，在机器人控制器系统的技术应用上有殊途同归的意境，相关的技术差异正在逐步缩小。

4.2.1 单片机系统

单片机（Micro controllers）是一种集成电路芯片，是采用超大规模集成电路技术把具有数据处理能力的中央处理器 CPU、随机存储器 RAM、只读存储器 ROM、多种 I/O 口和中断系统、定时器/计数器等功能（可能还包括显示驱动电路、脉宽调制电路、模拟多路转换器、A/D 转换器等）集成到一块硅片上构成的一台小而完善的微型计算机系统，在工业控制领域应用广泛。

单片机的技术发展经历了 SCM、MCU、SoC 三大阶段。

单片机的早期阶段是 SCM：即单片微型计算机（Micro controllers）阶段，单片机都是 8 位或 4 位的。其中最成功的是 INTEL 的 8051，主要是寻求的单片形态嵌入式系统的体系结构，出现了单片微型计算机（SCM）与通用计算机完全不同的发展道路，开创了嵌入式系统的独立发展道路。

中期发展阶段是 MCU：即微控制器（Micro Controller Unit）阶段，主要的技术发展方向是：不断扩展满足嵌入式应用的同时，增加对象系统要求的各种外围电路与接口电路，突显其对系统的智能化控制能力，所涉及的领域都与对象系统相关。在发展 MCU 方面，最著名的厂家当数 Philips 公司，以其在嵌入式应用方面的巨大优势，将 MCS-51 从单片微型计算机迅速发展到微控制器。

高端阶段是 SoC：即嵌入式系统（System on Chip）式的独立发展之路，目的是寻求应用系统在芯片上的最大化解决，专用单片机的发展形成了 SoC 化趋势。这种单片机的运算速度很快，资源丰富，可以像普通 PC 机一样运行操作系统，这类操作系统多为嵌入式操作系统。其中 ARM 系列芯片是其中的杰出代表，ARM 控制器 + 嵌入式操作系统构成了当前热门的嵌入式系统，价格相对便宜，应用范围大为扩展。控制器上加载操作系统后，系统性能和开发模式发生了质的飞跃。随着微电子技术、IC 设计、EDA 工具的发展，基于 SoC 的单片机应用系统设计和应用将会有较大的发展。

对单片机的发展从单片微型计算机、单片微控制器延伸到单片应用系统。现在单片机系统已经不再是只在裸机环境下开发和使用，大量专用的嵌入式操作系统已被广泛应用在全系列的单片机上。单片机是嵌入式系统中应用最广泛最典型的内核，掌上电脑和手机核心处理的高端单片机甚至可以直接使用专用的 Windows 和 Linux 操作系统，甚至可将其称为单片形态的 PC 机。

单片机系统结构简单，使用方便，易于实现模块化，可靠性高，可做到工作百万小时无故障；数据处理功能强，速度快，低电压，低功耗，便于生产便携式产品，环境适应能力强。随着高性能单片机系统的发展，其与普通 PC 机系统的性能表现也在趋于相似，大大改变了人们对单片机的以往认知。

4.2.1.1 单片机应用分类

单片机作为计算机发展的一个重要分支领域，根据其发展情况，从不同角度，单片机大致可以分为通用型/专用型、总线型/非总线型及工控型/家电型。

（1）通用型/专用型

按单片机适用范围来区分通用型和专用型。通用型单片机，不是为某种专门用途设计的；专用型单片机是针对一类产品甚至某一个产品设计生产的，例如：为了满足电子血压计的设计要求，在片内集成 ADC 接口等功能的压力测量控制电路。

（2）总线型/非总线型

计算机电路以微处理器为核心，各器件都要与微处理器相连，各器件之间的工作必须相互协调，如果在各微处理器和各器件间单独连线，则线的数量将多得惊人，故在微处理机中引入了总线的概念，各个器件共同享用连线，通过控制线进行控制，使器件分时工作，任何时候只能有一个器件发送数据（可以有多个器件同时接收）。器件的数据线也就被称为数据总线，器件所有的控制线被称为控制总线。在单片机内部或者外部存储器及其他器件中有存储单元，这些存储单元要被分配地址才能使用，分配地址当然也是以电信号的形式给出的，由于存储单元比较多，所以，用于地址分配的线也较多，这些线被称为地址总线。

按单片机是否提供并行总线来区分。总线型单片机普遍设置有并行地址总线、数据总线、控制总线，这些引脚用以扩展并行外围器件都可通过串行口与单片机连接，另外，许多单片机已把所需要的外围器件及外设接口集成在一个芯片内，因此在许多情况下可以不要并行扩展总线，大大减省封装成本和芯片体积，这类单片机称为非总线型单片机。

（3）控制型/家电型

一般而言，工控型寻址范围大，运算能力强，可用于复杂的工业控制领域；用于家电的单片机多为专用型，对运算要求一般不高，通常是小封装、低价格，外围器件和外设接口集成度高。

显然，上述分类并不是唯一的和严格的，有些种类单片机既是通用型又是总线型，还可以作工控用。

4.2.1.2 单片机基本结构

（1）运算器

运算器由运算部件——算术逻辑单元（Arithmetic & Logical Unit，简称 ALU）、累加器 A 和寄存器等几部分组成。ALU 的作用是把传来的数据进行算术或逻辑运算，输入来源为两个数据，分别来自累加器和数据寄存器。ALU 能完成对这两个数据进行加、减、与、或、比较大小等操作，最后将结果存入累加器。例如，两个数 a 和 b 相加，在相加之前，操作数 a 放在累加器中，b 放在数据寄存器中，当执行加法指令时，ALU 即把两个数相加并把结果 $a+b$ 存入累加器，取代累加器原来的内容 a。

运算器有两个功能：一是执行各种算术运算；二是执行各种逻辑运算，并进行逻辑测试，如零值测试或两个值的比较。

运算器所执行全部操作都是由控制器发出的控制信号来指挥的，并且，一个算术操作产生一个运算结果，一个逻辑操作产生一个判决。

（2）控制器

控制器由程序计数器、指令寄存器、指令译码器、时序发生器和操作控制器等组成，是发布命令的“决策机构”，即协调和指挥整个微机系统的操作。其主要功能有：从内存中取出一条指令，并指出下一条指令在内存中的位置；对指令进行译码和测试，并产生相应的操作控制信号，以便于执行规定的动作；指挥并控制 CPU、内存和输入输出设备之间数据流动的方向。

微处理器内通过内部总线把 ALU、计数器、寄存器和控制部分互联，并通过外部总线与外部的存储器、输入输出接口电路连接。外部总线又称为系统总线，分为数据总线 DB、地址总线 AB 和控制总线 CB。通过输入输出接口电路，实现与各种外围设备连接。

（3）主要寄存器

① 累加器 A　累加器 A 是微处理器中使用最频繁的寄存器。在算术和逻辑运算时它有双功能：运算前，用于保存一个操作数；运算后，用于保存所得的和、差或逻辑运算结果。

② 数据寄存器 DR　数据寄存器通过数据总线向存储器和输入/输出设备送（写）或取（读）数据的暂存单元。它可以保存一条正在译码的指令，也可以保存正在送往存储器中存储的一个数据字节等。

③ 指令寄存器 IR 和指令译码器 ID　指令包括操作码和操作数。指令寄存器是用来保存当前正在执行的一条指令。当执行一条指令时，先把它从内存中取到数据寄存器中，然后再传送到指令寄存器。当系统执行给定的指令时，必须对操作码进行译码，以确定所要求的操作。其中，指令寄存器中操作码字段的输出就是指令译码器的输入。

（4）程序计数器 PC

PC 用于确定下一条指令的地址，以保证程序能够连续地执行下去，因此通常又被称为指令地址计数器。在程序开始执行前必须将程序的第一条指令的内存单元地址（即程序的首地址）送入 PC，使它总是指向下一条要执行指令的地址。

（5）地址寄存器 AR

地址寄存器用于保存当前 CPU 所要访问的内存单元或 I/O 设备的地址。由于内存与 CPU 之间存在着速度上的差异，所以必须使用地址寄存器来保持地址信息，直到内存读/写操作完成为止。当 CPU 向存储器存数据、CPU 从内存取数据和 CPU 从内存读出指令时，都要用到地址寄存器和数据寄存器。同样，如果把外围设备的地址作为内存地址单元来看的话，那么当 CPU 和外围设备交换信息时，也需要用到地址寄存器和数据寄存器。

4.2.1.3 单片机单片指令集合

（1）单片机地址、指令

地址和指令是数据，是一串“0”和“1”组成的序列。指令：由单片机芯片的设计者规定的一种数字，与常用的指令助记符有着严格的一一对应关系，单片机的开发者不可以更改。地址是寻找单片机内部、外部的存储单元、输入输出口的依据，内部单元的地址值已由芯片设计者规定好，不可更改，外部的单元可以由单片机开发者自行决定，但有一些地址单元是一定要有的。数据是微处理机处理的对象，在各种不同的应用电路中各不相同，一般而言，被处理的数据可能有如下几种情况：地址、方式字或控制字、常数、实际输出值等。

（2）单片机汇编语言编程指令

单片机汇编语言编程指令分类如表 4-2 所示。

表 4-2 单片机汇编语言编程指令分类

指令分类	指令符号	指令作用	注释例子
传送操作指令	MOV；MOVCMOVX；PUSH；POP；XCH；SWAP 等	把指定的数据送到指定的位置	PUSH 注释：字节进栈，SP 加 1
算术操作指令	ADD；SUBB；INC；DEC；MUL；DIV；DA	执行加减乘除等运算	INCDPTRA3 注释：数据指针加 1
逻辑操作指令	ANL；ORL；XRL；CLR；CPL；RLA；LC；RR；RC	执行与、或、非、异或等操作，清零，取反循环移动等操作	ANLA，Rn 注释：寄存器“与”到 A
程序转移指令	LCALL；RET；RETI；AJMP；LJMP；SJMP；JMP；JNZ；CJNE；JNECJNE；DJNZ；NOP	执行子程序调用、中断返回、转移等操作	ACALL 绝对子程序调用
布尔变量操作指令	CLR；SETB；CPL；ANL；ORL；JC；JB；JNB；JBC	进行 0，1 复位、置位等操作	CLRCC3 清零进位 SETBCD3 置位进位

直接使用上面的指令进行编程，对初始开发者来说，指令使用枯燥，短时间内难以掌握。而 C 语言能够直接对计算机硬件进行操作，即有高级语言的特点，又有汇编语言的特点，在单片机应用系统的开发过程中得到了广泛的应用。C 语言可读性强，易于编程，且编程功能更多，能够进行复杂的程序处理。

C 语言程序的基本运算有算术运算、关系运算、逻辑运算、赋值运算与复合赋值运算、位运算等。程序备有程序判定语句 if 和 switch 语句，可以根据判定条件是否满足，决定执行不同的操作。循环控制 while 和 for 语句在满足一定条件下，反复执行给定操作。跳转语句能够根据判定条件，确定系统下一步执行操作。数组和指针及函数能够拓展数据应用范围，提升 C 语言执行处理速度，丰富程序执行功能。由于 C 程序语言的丰富性，使得使用高级语言进行单片机编程的控制系统的性能进一步提高。单片机 C 语言编程要素如表 4-3 所示。

表 4-3　单片机 C 语言编程要素

功能或要素	内容	注释
基本运算	算术、关系、逻辑、赋值运算与复合赋值运算、位运算	对运算量进行对应的运算操作
流程控制语句	If、switch 等	根据判定条件，选择执行对应操作
循环控制语句	While、do-while、for 等	根据条件是否满足，决定是否执行循环体语句
跳转语句	break、continue、return、goto 等	根据设定条件，决定下一步执行语句
数据管理要素	数组、指针	数组扩展数据应用范围；指针易于查询数据
函数	中断函数、库函数	直接调用函数，提升性能
预处理命令	文件包含、宏定义、条件编译、汇编嵌入	增加系统可读性，提升系统功能

4.2.1.4　单片机开发过程

设计单片机应用系统需要软件平台，主要包括仿真软件平台、原理图及 PCB 图绘制软件平台、程序调试平台等。在工程应用中，可以选用仿真软件平台 Proteus 软件、原理图绘图软件平台 Protele、程序调试软件平台 uVision 等。

假设硬件已设计并制作好，只剩下编写软件的工作。在编写软件之前，首先要确定一些常数、地址，事实上这些常数、地址在设计阶段已被直接或间接地确定下来了。如当某器件的连线设计好后，其地址也就被确定了，当器件的功能被确定下来后，其控制字也就被确定了。然后用文本编辑器编写软件，编写好后，用编译器对源程序文件编译、查错，直到没有语法错误，除了极简单的程序外，一般应用仿真机或仿真软件对程序进行调试，直到程序运行正确为止。运行正确后，就可以写片（将程序固化在 EPROM 中）。在源程序被编译后，生成了扩展名为 HEX 的目标文件，一般编程器能够识别这种格式的文件，只要将此文件调入即可写片。

4.2.1.5　单片机应用范围

单片机在计算机的网络通信与数据传输、工业自动化过程的实时控制和数据处理、自动控制领域的机器人、智能仪表、医疗器械以及各种智能机械中应用广泛。

（1）单片机智能仪器

单片机具有体积小、功耗低、控制功能强、扩展灵活、微型化和使用方便等优点，广泛应用于仪器仪表中。结合不同类型的传感器，可实现诸如电压、电流、功率、频率、湿度、温度、流量、速度、厚度、角度、长度、硬度、元素、压力等物理量的测量。采用单片机控制使得仪器仪表数字化、智能化、微型化，且功能比起采用电子或数字电路更加强大。例如精密的测量设备（电压表、功率计、示波器等各种分析仪）。

（2）单片机工业控制

单片机具有体积小、控制功能强、功耗低、环境适应能力强、扩展灵活和使用方便等优点，用单片机可以构成形式多样的控制系统、数据采集系统、通信系统、信号检测系统、无线感知系统、测控系统、机器人等应用控制系统，与计算机联网构成二级控制系统等。

（3）单片机网络和通信

现代的单片机普遍具备通信接口，可以很方便地与计算机进行数据通信，为在计算机网络和通信设备间的应用提供了极好的物质条件，通信设备基本上都实现了单片机智能控制，如手机、电话机、小型程控交换机、楼宇自动通信呼叫系统、列车无线通信、集群移动通信、无线电对讲机等。

4.2.1.6 单片机在机器人中的应用实例

某单片机主从机器人控制系统框图如图 4-10 所示，由此可以观察到单片机在机器人控制中的作用。

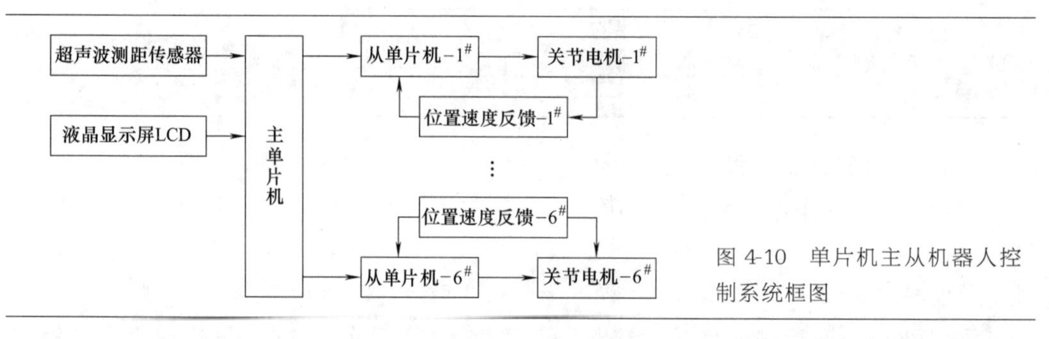

图 4-10 单片机主从机器人控制系统框图

图 4-10 所示的单片机机器人控制方案采用分布式控制系统：主单片机和从单片机两部分组成。主单片机接收传感器传来的外部信息，进行处理，负责整个系统管理和运动学运算，轨迹规划，各从机之间协调和故障检测。下位机由几个单片机系统组成，用于关节电机伺服控制，每个微处理器控制一个关节运动，控制关节机器人的动作。主从单片机芯片可以相同，一般主单片机芯片性能比从单片机芯片性能高一些。主从单片机之间通信可以采用串行通信或并行通信，通过全双工异步通信口实现数据传输，实现主处理器和多个从处理器之间的通信。

控制器与周边装置机器人本体内部传感器的所有 I/O 口，一般经光电耦合隔离，减少电耦合干扰。显示屏可以采用 LCD 液晶显示器，体积功耗小，重量轻，显示丰富。

4.2.2 可编程控制器

4.2.2.1 可编程序控制器定义及发展

可编程控制器（PLC）是一种数字运算操作的电子系统，专为工业环境下的应用而设计。采用了可以编制程序的存储器，用来在执行存储逻辑运算和顺序控制、定时、计数和算术运算等操作的指令，并通过数字或模拟的输入（I）和输出（O）接口，控制各种类型的机械设备或生产过程。利用它可以方便地编制程序，使工业设备实现顺序控制。

可编程序控制器的发展经历了三个阶段：①采用固定布线方式，替代电磁继电器盘；②以逻辑控制为主，采用软布线方式，这类控制器又称可编程序逻辑控制器；③采用内部装有程序的存储器，程序变动十分容易。

可编程序控制器普遍采用计算机技术，除了存储容量小、输入输出通道以开关量为主和编程语言不同外，与一般微型计算机系统已十分相似。

4.2.2.2 可编程序控制器组成结构原理

从PLC的硬件结构形式上，PLC可以分为整体固定I/O型、基本单元加扩展型、模块式、集成式、分布式5种基本结构形式。可编程序控制器的一般硬件结构由6个基本部分组成，其组成结构原理如图4-11所示。

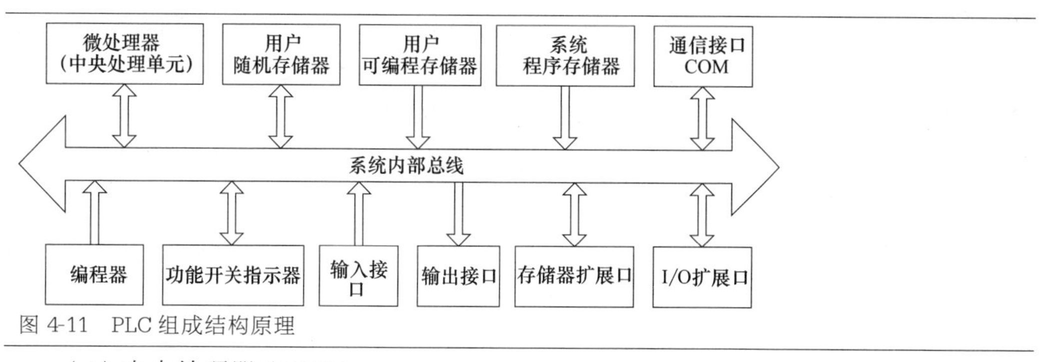

图4-11 PLC组成结构原理

（1）中央处理器（CPU）

中央处理器（CPU）是PLC的控制中枢，是PLC的核心组成部分，起神经中枢的作用，每套PLC至少有一个CPU，按照PLC系统程序赋予的功能，接收并存储从编程器、上位机和其他外部设备键入的用户程序和数据；检查电源、存储器、I/O以及警戒定时器的状态，并能诊断用户程序中的语法错误。当PLC投入运行时，首先以扫描的方式接收现场各输入装置的状态和数据，并分别存入I/O映像区，然后从用户程序存储器中逐条读取用户程序，经过命令解释后按指令的规定执行逻辑或算数运算的结果送入I/O映像区或数据寄存器内。等所有的用户程序执行完毕之后，最后将I/O映像区的各输出状态或输出寄存器内的数据传送到相应的输出装置，如此循环运行，直到停止运行。

为了提高PLC的可靠性，大型PLC采用双CPU构成冗余系统，或采用三CPU的表决式系统。即使某个CPU出现故障，整个系统仍能正常运行。

CPU速度和内存容量是PLC的重要参数，其决定着PLC的工作速度，I/O数量及软件容量等，限制着控制规模。

（2）存储器

PLC 的存储空间根据存储的内容可分为系统程序存储器和用户程序存储器。系统程序存储器是存放系统软件的存储器，系统程序相当于个人计算机的操作系统，使得 PLC 具有基本的智能，能够完成 PLC 设计者规定的工作；用户程序存储器是存放 PLC 用户程序应用，包括用户程序存储区和数据存储区两部分。用户程序存储区存放针对具体控制任务、用规定的 PLC 编程语言编写的控制程序，其内容可以由用户任意修改和增删；用户数据存储区用来存放用户程序中使用的开关状态、数值、数据等，是使用最频繁的存储区，一般采用高密度、低功耗且有断电保护功能的存储元件。

（3）输入输出接口（I/O 模块）

PLC 程序执行过程中使用的各种开关量（状态量）、数字量和模拟量等外部信号和设定量是通过输入接口完成的，而程序的执行结果又需要通过输出接口来完成。I/O 模块集成了 PLC 的 I/O 电路，其输入暂存器反映输入信号状态，输出点反映输出锁存器状态。输入模块将电信号变换成数字信号进入 PLC 系统，输出模块相反。I/O 接口模块分为开关量输入（DI），开关量输出（DO），模拟量输入（AI），模拟量输出（AO）等模块。

现场输入接口电路由光耦合电路和微机的输入接口电路组成，作用是 PLC 与现场控制的接口界面的输入通道，通过光耦合做到输入信号和内部处理信号的隔离，提高其可靠性。现场输出接口电路由输出数据寄存器、选通电路和中断请求电路组成，PLC 通过现场输出接口电路向现场的执行部件输出相应的控制信号。

按 I/O 点数确定模块规格及数量，I/O 模块可多可少，但其最大数量受 CPU 所能管理的基本配置的能力，即受最大的底板或机架槽数限制。

为了进一步提高 PLC 的性能，生产商还提供各种专用的智能接口模块，供用户选择。智能接口模块有独立的处理器和存储器，通过 PLC 内部总线在主处理器单元协调管理下独立地进行工作，扩展了 PLC 处理的信号范围，增加了 PLC 的控制功能。智能接口模块有高速脉冲计数器、PID 调节智能单元、PLC 通信网络接口、PLC 与计算机通信接口、传感器输入智能单元等。

（4）通信接口

通信接口的主要作用是实现 PLC 与外部设备之间的数据交换（通信）。通信接口的形式多样，最基本的有 USB、RS-232、RS-422/RS-485 等的标准串行接口。可以通过多芯电缆、双绞线、同轴电缆、光缆等进行连接。

（5）电源

电源系统为 PLC 电路提供工作电源，在整个系统中起着十分重要的作用。一个良好的、可靠的电源系统是 PLC 的最基本保障。电源输入类型有交流电源和直流电源。

（6）功能选择开关和运行指示器

对不同的功能通过不同的开关的组合来实现。运行指示器对运行过程中系统的运行状态进行检测，并实时显示，便于操作者对整个控制系统的运行进行监控。

（7）存储器扩展口和 I/O 扩展口

是为系统功能的增加而设置的接口，能够提升系统存储空间和输入输出点数。

（8）编程器

编程器既可与可编程序控制器组成一体，也可独立于外，编程器用来生成用户程序，并且用来编辑、检查、修改用户程序，监视用户程序的执行状况。指令编程器可以输入和编辑指令程序，但不能输入和编辑梯形图，适用于小型 PLC 编程或现场调试和维护。软件化的编程器可以在计算机上直接生成和编辑梯形图或指令表程序，还可以使用多种编程语言，能够实现不同编程语言的相互转换。程序被编译后下载到 PLC 中的程序存储器中，也可以上传到计算机，可以进行存盘或打印、远程编程和传送等。程序调试完毕后，通过写入装置写入可编程序只读存储器内，只要将其插入控制器的插座内，控制器便能按其中的程序工作。

PLC 编程可以采用梯形图语言和指令表进行编程，或者使用功能块图和顺序功能图编程，这取决于使用者的习惯、技术特性等要素。现代软件发展的新技术也在不断地发展和催生新的 PLC 的编程语言和编程技巧。为了扩展 PLC 的功能，特别是加强其数据与文字处理以及通信能力，许多 PLC 还允许使用高级语言编程，如 BASIC、C 语言等。随着 PLC 技术发展，编程语言和技术也在不断地发展和改进。

4.2.2.3 可编程序控制器的特点

（1）高可靠性，强抗干扰能力

PLC 用软件编程代替大量的中间继电器和时间继电器，大量的开关动作由无触点的半导体电路来完成，仅剩下与输入和输出有关的少量硬件，元器件和接线的数量比继电器控制系统大为减少，因触点接触不良造成的故障随之减少。采用固态器件，输入和输出均经光电耦合与继电器隔离，有较高的抗干扰能力，能在环境恶劣的工业现场使用，并有停电保护和自诊断等功能。

PLC 的高可靠性主要表现在：①采用现代大规模集成电路技术和先进的抗干扰技术；②有硬件故障自我检测功能和故障自诊断保护；③软件系统实现控制线路切换；④减少硬件接线及开关接点。

电气控制设备的关键性能是要有高可靠性。PLC 的技术特点决定了其可靠性高，一些使用冗余 CPU 的 PLC 的平均无故障工作时间则更长。出现故障时系统能及时发出警报信息。在应用软件中，应用者还可以编入外围器件的故障自诊断程序，整个系统具有极高的可靠性。

（2）硬件配套齐全，功能完善，适用性强

PLC 发展到今天，已经形成了大、中、小各种规模的系列化产品，并且已经标准化、系列化、模块化，配备有品种齐全的各种硬件装置供用户选用，用户能灵活方便地进行系统配置，组成不同功能、不同规模的系统。

PLC 配套硬件特点主要体现在：①输入输出模块化。具有多种输入和输出类型，可直接驱动较大功率的交直流负载。输入输出点数常以 8、16、32 等为一模块单元，可根据控制规模和类型进行组合和扩充。②安装接线方便，一般用接线端子连接外部接线。③带负载能力强，可直接驱动一般的电磁阀和交流接触器。④具有逻辑处理功能、数据运算能力，适用数字控制领域。

PLC的配套功能单元大量涌现，使PLC渗透到了位置控制、温度控制、CNC等各种工业控制中。加上PLC通信能力的增强及人机界面技术的发展，使用PLC组成各种控制系统变得非常容易。

（3）易学易用，深受工程技术人员欢迎

主要是因为：①PLC作为通用工业控制计算机，接口容易；②编程语言易于工程技术人员接受，有独立的编程器。

大多数可编程序控制器沿用了过去继电器顺序控制的设计方法，采用继电器梯形图符编程，且有字符或图形显示。只要修改程序，即可对不同的控制对象进行控制。梯形图语言的图形符号与表达方式和继电器电路图相当接近，只用PLC的少量开关量逻辑控制指令就可以方便地实现继电器电路的功能。不熟悉电子电路、不懂计算机原理和汇编语言的人也能快速使用PLC从事工业控制。

（4）容易改造

主要原因是：①系统易于设计，方便安装，调试工作量小；②维护方便，改造容易。

PLC的梯形图程序一般采用顺序控制设计法。该编程方法很有规律，易于掌握。对于复杂的控制系统，梯形图的设计时间比设计继电器系统电路图的时间要少得多。有较强的控制功能和较大的控制规模。通常以存储容量和输入输出点数来划分档次：①小型可编程控制器只具有顺序控制功能，存储容量小，输入输出不大于64点；②中型可编程控制器增加了算术运算、中断处理、通信接口、故障诊断和模拟量输入输出等功能，并能使用高级语言编程，存储容量略有增加，输入输出不大于512点；③大型可编程控制器具有更强的控制功能，存储容量更大，输入输出大于1024点。

PLC用存储逻辑代替接线逻辑，大大减少了控制设备外部的接线，使控制系统设计及建造的周期大为缩短，同时维护也变得容易起来。更重要的是使同一设备经过改变程序改变生产过程成为可能，很适合多品种、小批量的生产场合。

（5）体积小，重量轻，能耗低

体积小可将开关柜的体积也变小，也容易装入机械内部；重量轻能够使得附着机构重量也变小；能耗低使得相应的供电设备也变小，易于实现机电设备的一体化。

4.2.2.4 可编程序控制器在机器人中的应用实例

可编程序控制器可以用来直接控制机器人，基于PLC控制的某工业机器人控制系统如图4-12所示，从中可以体会PLC在工业机器人中的作用。

PLC和机器人系统采用基于PROFIBUS现场总线的工业过程控制局域网进行通信，采用分散性I/O控制方案。PLC作用是完成工业机器人程序控制和信号采集，触摸屏HMI完成显示和控制管理功能。通过PLC实现不同条件下对机器人不同程序的调用与控制，实现同一台机器人完成不同工作的柔性化控制，对机器人的特定段进行分段控制。对特定运动区域进行进入禁止保护，处理采集机器人及外围设备信号。PLC已经具有完整的运动控制功能，通过高速度的背板、处理器和伺服接口模块进行通信，能够实现高度的集成操作以及位置环和速度环的闭环控制，实现简单的点对点运动到复杂的齿轮传动，满足高性能机器人的要求。PLC在多轴运动协调控制、网络通信方面功能强大，多用于机器人运动控制器。

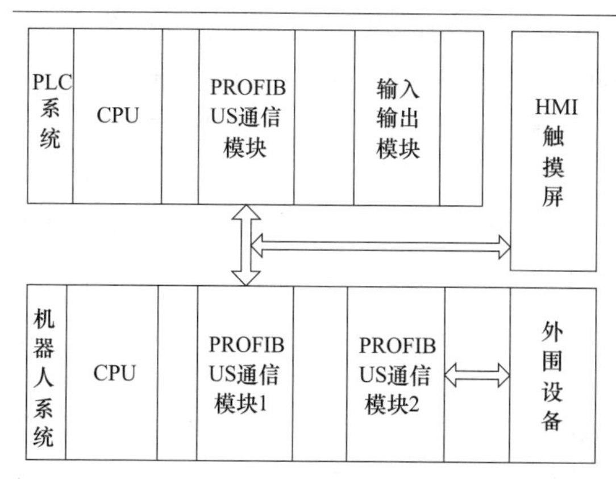

图 4-12　PLC 与机器人系统

4.2.3　IPC 系统

IPC 即工业个人计算机（Industrial Personal Computer，简称 IPC）是一种加固的增强型个人计算机，在设计上采用了抗冲击、抗振动、抗电磁干扰的措施，可以作为一个工业控制器在工业环境中可靠运行。IPC 性能可靠、软件丰富、价格低廉，在工控机中应用日趋广泛。

4.2.3.1　工业个人计算机在机器人中应用现状

高端工业机器人控制系统采用工业 PC 搭载高速总线级伺服控制系统，其控制 PC 采用实时操作系统，保证软件运行环境的实时性，通过运动规划和运动控制单元实现总线式伺服控制器的控制，达到对机器人的精确控制。工控机完成用户指令的下达、系统状态的监控等功能，运动控制器是连接计算机和伺服驱动器的桥梁，自身完成底层的控制算法，同时对计算机的指令进行响应，为运动控制系统的核心，驱动器和伺服电机组成控制系统的执行机构，完成实际动作。编码器（传感器）反馈执行机构的位置和速度信息，供控制算法使用。也有的控制 PC 采用通用的操作系统，需要满足工业机器人运行过程中的高稳定性和响应快速性的要求。控制系统上下位机频繁的通信，对机器人的实时性有不利影响。

以 Windows 内嵌实时系统为例：目前由于 Windows 具有良好的人机界面和交互功能，在工控领域应用广泛，但并不是一个实时系统，时间片断设定在 5ms 以下时，便很难保持精确稳定的运行，难以满足实时性较高的工控场合。为了解决这个矛盾，利用 Windows 环境进行了扩展或内嵌实时的内核系统，将一台 PC 变为多个具有很强大处理能力的 PLC 集合，并具有良好的开发和编程环境。集成的人机界面环境能够支持高级语言直接编程，如 VC＋＋、Matlab 语言编程。将实时控制与 Windows 环境有机结合，为工控机完成高性能工控任务提供了实时扩展。实时内核具有很高的优先级和稳定性，在 Windows 系统蓝屏时，仍可保证后台服务稳定运行。

根据机器人运动控制系统实现的不同，IPC 与运动控制器可以组合成不同种类的控制系统。

4.2.3.2 基于嵌入式的运动控制系统

控制器将运动控制器和操作系统结合起来，控制器独立工作，完成控制任务。通过工业现场总线与上级计算机连接，常用的总线有工业以太网、RS485、MODBUS、PROFIBUS、CAN 等。机器人控制系统由示教盒和主控制器组成。示教盒采用 ARM 结构，主控制器采用 ARM + FPGA 结构。示教盒实现用户与主控制器、用户与机器人之间的相互作用和通信；主控制器接收运动指令后，经过译码、插补、逻辑控制、位置控制控制机器人运动。

ARM 芯片是目前广为流行的嵌入式处理器，在高端嵌入式系统领域处于统治地位，处理速度快。

以由 ARM 芯片组成的嵌入式运动控制系统为例，其系统的硬件如图 4-13 所示，系统由 ARM 和 FPGA 组成。ARM 运行系统的核心任务是译码、插补、PLC 和位置控制；FPGA 则负责系统的细插补、模拟量和数字量 I/O 控制、中断/信号的捕获等。

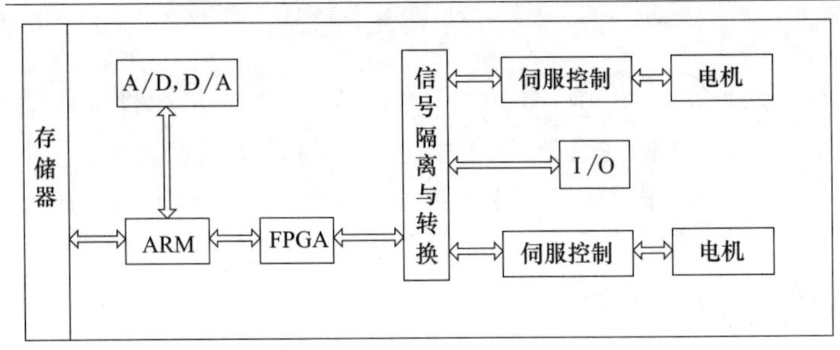

图 4-13　机器人嵌入式控制系统

FPGA 由内部总线接口、复位控制、中断控制、定时器、I/O 控制和驱动控制器构成。内部总线接口模块负责提供 FPGA 内部模块与 ARM 外部总线的接口；复位控制模块为 FPGA 内部模块提供复位信号；中断控制模块将 FPGA 内部模块产生的中断信号解析，并送至 ARM 进行处理；定时器模块为驱动控制器模块提供定时信号；I/O 控制模块用于 I/O 控制、实现系统的 I/O 扩展；驱动控制器模块用于产生、检测电机驱动器的信号，实现细插补功能，以 CPU 指定的频率向伺服系统发送指定数量的脉冲信号，周期性工作，在周期开始时读数据。整个结构框图如图 4-14 所示。

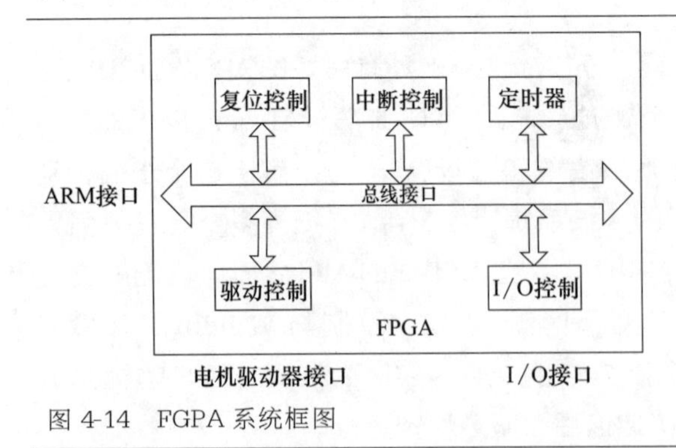

图 4-14　FGPA 系统框图

采用嵌入式系统构成的机器人控制器具有高可靠性、高扩展性和开放性。示教盒和控制器的硬件采用微控制 ARM，控制器采用分层结构和模块化结构以及各模块之间采用总线相连实现了系统的开放性。控制器采用 FPGA 实现系统的 I/O 控制和脉冲生成。ARM 芯片的工业机器人硬件结构如图 4-15 所示。

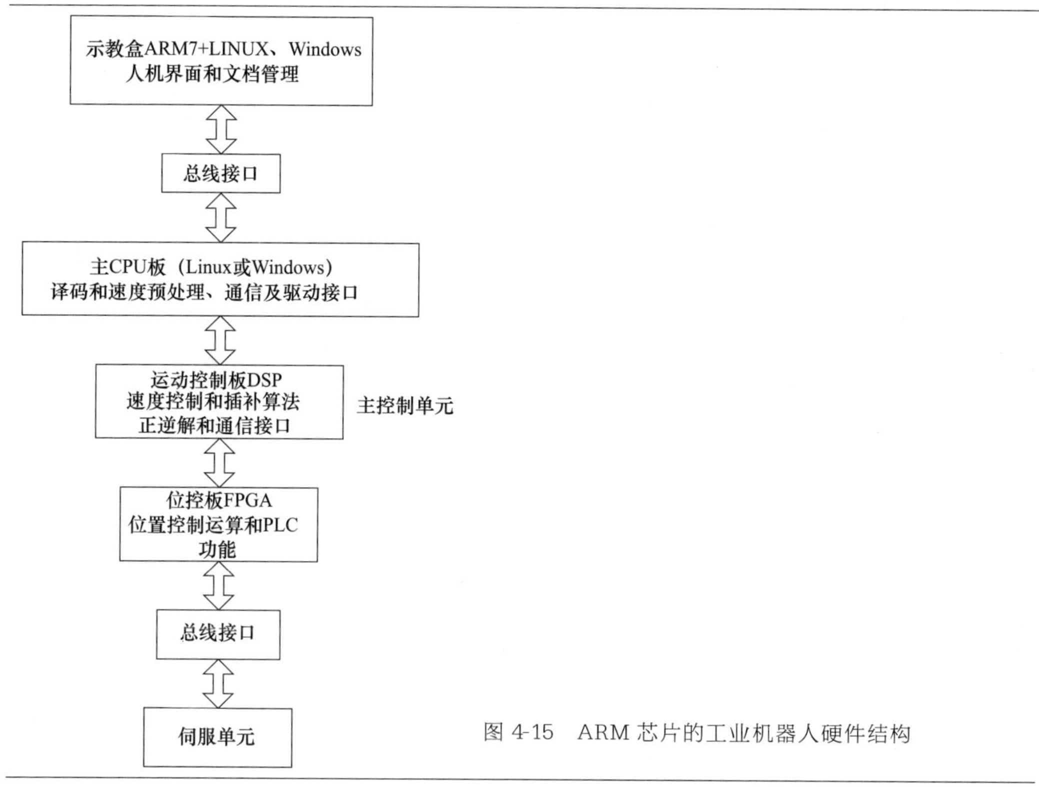

图 4-15　ARM 芯片的工业机器人硬件结构

控制器单元是实现工业机器人伺服控制的核心，完成数据采集、分析、控制算法运行、控制输出等功能。运动伺服控制器由数字处理单元、现场可编程逻辑单元和通信接口组成。如可以选择 FPGA+ DSP 为核心的控制构架。核心控制单元选择 DSP（数字信号处理器），主要是进行数据收发和运行复杂控制算法；现场可编程逻辑单元（FPGA）实现特定形式的信号的输入输出、与 DSP 和其他通信接口的数据传输、AD 和 DA 芯片的访问等任务。控制器的通信接口可以选择总线方式，实现高速数据传输。

工业机器人用嵌入式控制系统的硬件集成逻辑图如图 4-16 所示，主要包括三个部分。

（1）嵌入式处理器

作为一款性能极其强劲的嵌入式处理器，配合嵌入式操作系统，主要负责控制系统的文件管理、系统调度、译码等功能。

（2）DSP 芯片

DSP 芯片，也称数字信号处理器，是一种特别适合于进行数字信号处理运算的微处理器。DSP 支持浮点运算、适合高实时性运行环境，主要用于工业机器人运动学、动力学等相关算法的实时规划及计算，主要是能够实时快速地实现各种数字信号处理算法。

根据数字信号处理的要求，DSP 芯片一般具有如下主要特点。

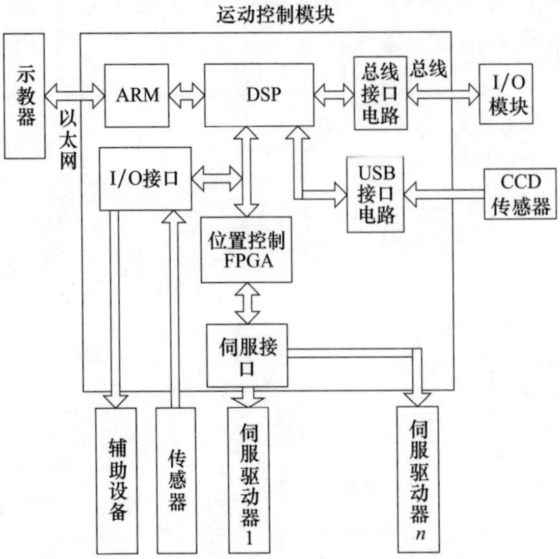

图 4-16　嵌入式控制系统硬件集成逻辑图

① 运算速度快，在一个指令周期内可完成一次乘法和一次加法。

② 程序和数据空间分开，可以同时访问指令和数据。

③ 片内具有快速 RAM，通常可通过独立的数据总线在两块中同时访问。

④ 具有低开销或无开销循环及跳转的硬件支持。

⑤ 快速的中断处理和硬件 I/O 支持。

⑥ 具有在单周期内操作的多个硬件地址产生器。

⑦ 可以并行执行多个操作。

⑧ 支持流水线操作，使取指、译码和执行等操作可以重叠执行。

DSP 专用电路（内部结构已经固定）通过对 RAM 内部的指令和数据工作，开发遵循嵌入式软件的设计原则，调试应更注重于算法的实现。

（3）FPGA 单元

FPGA 采用了逻辑单元阵列概念，内部包括可配置逻辑模块、输入输出模块和内部连线三个部分。现场可编程门阵列（FPGA）是可编程器件，FPGA 利用小型查找表（16×1RAM）来实现组合逻辑，每个查找表连接到一个 D 触发器的输入端，触发器再来驱动其他逻辑电路或驱动 I/O，由此构成了既可实现组合逻辑功能又可实现时序逻辑功能的基本逻辑单元模块，这些模块间利用金属连线互相连接或连接到 I/O 模块。FPGA 的逻辑是通过向内部静态存储单元加载编程数据来实现的，存储在存储器单元中的值决定了逻辑单元的逻辑功能以及各模块之间或模块与 I/O 间的连接方式，并最终决定了 FPGA 所能实现的功能，FPGA 允许无限次的编程。

FPGA 集成多个逻辑单元，支持多种 I/O 标准，共多个输出和层次化的时钟结构，为复杂设计提供强大的时钟管理电路。FPGA 主要用于实现工业机器人主控制器的柔性编程功能、精插补算法、总线数据处理及 I/O 管理。

目前 ARM 单片机有 32 位、64 位处理器架构，其内部硬件资源的性能较高，可以加载操作系统成为其主要特点，有了操作系统，就可以像 PC 机那样多任务实时处理，即同一时间内能完成多个任务而不会互相影响。

目前，基于 ARM 工控机的运动控制方案是通过采用控制卡作为下位机模块，主控机通过以太网发出控制命令。 控制卡根据命令执行不同的电机驱动程序，指令信号通过伺服放大器放大后，驱动工业机器人的各个电机转动，控制对应的关节进行运动。运动状态通过总线传递给工控机，实时监控和显示机器人的工作状态。

有的工业机器人采用主从式控制结构，即控制系统由主站和从站组成，主站的机械手臂控制器基于单芯片结构，从站采用伺服驱动，连接采用了应用广泛的工业以太网协议。 将工业以太网、编码器接口、功能安全以及算法全部集成在一个芯片上，完成了多轴马达控制器的核心设计。 无论主站从站还是以太网部分都是以单芯片为出发点的方案，建立了完备的生态系统。

4.2.3.3 基于计算机的运动控制系统

运动控制器与计算机结合，运动控制器大多采用 DSP 作为主控单元，完成位置控制、速度伺服、运动规划、输入/输出等功能，具有开放的 API 函数库，在 Windows 或 Linux 通用操作平台下可以自主开发应用程序，完成系统需求的特定功能。

基于 PC 的运动控制系统架构，共由 6 个部分组成：输入输出接口、数字控制主机、数据通信通道、控制器单元、调理电路和执行器、被控对象。

输入输出主要是输入输出设备，如显示器、打印机、键盘、鼠标、硬件设备等。 还有能够完成设备控制、实时监测、数据管理等功能的人机交互界面，如基于 LABVIEW 开发环境设计的用户界面也是输入输出设备，属于软件设备系统。

数字控制主机为控制系统的运行平台，主要完成如下任务：一是作为输入输出接口的载体，运行人机交互界面；二是完成工业机器人各轴正、逆运动学和动力学解算，得到底层控制器进行位置控制的给定输入；三是提供与底层设备连接的硬件接口和软件驱动。

数据通信通道是控制主机和控制器之间的桥梁。 调理电路和执行器模块将控制输出转化为电机运动，工业机器人中执行器为伺服驱动器和伺服电机。 控制对象有两部分组成，一部分是多自由度机械臂，驱动主要由伺服电机组成；另一部分是系统中的开关和阀等通用对象。

PCI 总线是主流的总线标准，在工控机中应用广泛。 支持高带宽传输和突发数据传输，方便实现计算机和高速硬件设备的通信互联。 采用 PCI 总线设计的硬件系统可以与计算机构成主从结构，利用计算机的软件，可以控制底层硬件系统，并可以将数据采集到计算机，完成非实时的信号处理和分析工作。

采用工业 PC+ FPGA 的方案，作为控制系统的通用性、开放性硬件平台，以操作系统为软件平台，采用模块化编程方法，实现机器人控制系统软件功能。 系统通过开关量与外界进行信息交换，并以共享内存的方法将交互信号在系统内部传递。

基于 DSP 技术的工业机器人控制器的设计，可以采用一台工业 PC 机以及一块 DSP 多轴运动卡，能够较好地实现机器人的实时控制，提高机器人控制器的运动控制性能，硬件系统以工业 PC 机作为机器人的控制硬件平台，通过 DSP 运动控制卡控制机器人各自由度的动作。

4.2.3.4 柔性开放式运动控制系统

运动控制系统的软件全部安装在计算机上，控制算法和系统逻辑控制全部在计算机上实现，控制系统的开放性好，快速性和稳定性略差一些。优点是可以借用通用的计算机平台，无需研发额外的其他硬件设备，利用软件系统来实现机器人的控制功能，设计者把自己的设计思想用软件编程形式表现出来，然后把程序装入硬件系统，能大大减少硬件的数量，使得系统的模块化组装更迅速，通用性更强，搭建机器人控制系统更加便利，也是机器人控制系统发展的一个趋势。

计算机计算后的信息与伺服系统通过总线系统直接相连，能够提高系统的响应速度，使得机器人控制系统针对多任务多目标的管理变得更加容易。

系统采用通用操作系统作为软件平台，满足多任务管理的需求。系统软件的实时操作环境在通用操作系统上扩展而成，满足系统对实时性任务的快速响应要求。整个软件系统分为 3 层：系统层、控制层和应用层。系统层主要包括操作系统、设备驱动程序和 RTMS 实时多任务调度程序等组成。设备驱动程序主要是满足不同的控制对象（即不同自由度的工业机器人）在使用不同的硬件配置时对不同的驱动程序的要求，实现系统的通用性。RTMS 模块是自主开发的安装在操作系统实时内核上的任务调度器，实现对机器人控制系统的任务管理调度。控制系统将应用层和控制层的各个程序模块的任务按照不同实时性要求划分调度优先级，满足 RTMS 模块调度功能的要求。

控制层为实时域，系统的全部实时控制功能均在控制层实现，控制层软件根据控制功能的不同进行模块化设计，主要包括插补运算、位姿控制、PLC 控制等软件模块；应用层为非实时域，也采用模块化设计，应用层功能软件有人机界面、动态显示、程序编辑、译码解释、轨迹规划、故障诊断、通信管理等。系统提供了对用户开放的应用层控制软件接口，具备了方便的二次开发环境。能灵活的匹配不同类型的机器人控制系统和扩充系统功能，具有很好的开放性和可维护性。

机器人控制系统内外信息的交换，是实现系统内外交换控制的关键。控制系统的内外信息交换可以采用共享内存的方式来实现，在共享内存中通过定义不同的内存器来实现不同控制信号的传递，提升传输效率。

IPC 系统能够做到模块化处理，便于根据工业现场的情况，对各种硬件和软件系统进行合理搭配，更能够快速满足工业现场的需要。

总之，工业机器人程序控制装置也在随着计算机硬件技术、软件技术、控制技术的发展不断进步，相信将有更能适应机器人的程序控制装置不断涌现。

4.3 机器人位置与位移传感器

机器人用传感器来感受自身的状态，并依靠传感器完成执行的动作。传感器的主要作用是给机器人输入必要的状态信息。一台工业机器人需要多个传感器共同协作才能完成工作。机器人在使用中需要实时地掌握自己的工作状态，并进行监控，都离不开传感器的应用。传感器是工业机器人的感知器官，机器人依赖其提供必要的感知信息。从使用功能出发，力觉、触觉、视觉最为重要，早已进入实用阶段，听觉也有较大进展，其他还有嗅觉、味觉、滑觉等，对应有多种传感器。目前，针对工业机器人传感器的研究主要是多传感器的融合算法，将多种功能融合于一个传感器中，并进行实用化，能够使机器人准确地进行环境建模。图 4-17 给出了工业机器人传感器作用示意图。

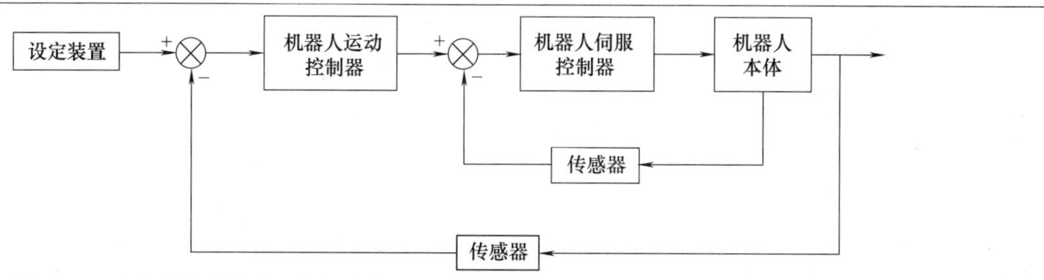

图 4-17 工业机器人传感器作用示意图

传感器的基本工作原理是：根据被测量的性质和使用的物理测量原理，以一定精度将被测量转换为与之有确定对应关系、易于精确处理和测量的某种物理量（如电信号）的过程。传感器就是实现这个过程的检测部件或感知装置。

传感器有多种分类方法：①根据输入信息源是位于机器人的内部还是外部，传感器可以分为两大类：一类是为了感知机器人内部状况或状态的内部测量传感器，简称内传感器；另一类是为了感知外部环境状况或状态的外部测量传感器，简称外传感器。②按照其检测的内容进行分类，有检测速度的有陀螺仪，检测角度的有旋转编码器等。③按照功能进行分类，有根据接触的有无，分接触或非接触式传感器；根据有无力的法线分量，有压觉传感器。④按照检测方法分类，有光学式传感器、超声波传感器、机械式传感器、电容式传感器、磁传感器、气体传感器等。具体分类如表 4-4~ 表 4-6 所示。

表 4-4 内传感器按照检测内容的分类

检测内容	传感器的方式种类
特定离散的位置或角度	限位开关、接触式开关、光电开关、微动开关
任意连续的位置或角度	电位计、直线编码器、旋转编码器
速度	陀螺仪，编码器
角速度	内置微分电路的编码器
加速度	应变仪式、伺服式
角加速度	压电式、振动式、光相位差式
方位	陀螺仪式、地磁铁式、浮动磁铁式
温度	热敏电阻、热电偶、光纤式、红外传感式
倾斜	静电容式、导电式、铅垂振子式、浮动磁铁式、滚动球式

4.3.1 内传感器

所谓内传感器，就是实现内部状况感知或内部状态测量功能的元器件。具体来说，检测对象包括关节的位移和转角等几何量；角速度和加速度等运动量；以及倾斜角、方位角、振动角等物理量。对各种传感器的要求是精度高、响应速度快、测量范围宽。

表 4-5 按照功能的分类

传感器种类	功　能
接触式传感器	接触的有无判断
压觉传感器	力的法线分量的大小
滑觉传感器	根据剪切力接触状态的变化
力觉/力矩/力和力矩传感器	力的大小、力矩大小、力和力矩的大小
接近觉传感器	短距离的接近程度
距离传感器	距离的变化程度
角度传感器	倾斜角、旋转角、摆动角、摆动幅度
方向传感器	方向（合成加速度、作用力的方向）
姿势传感器	姿势的变化，如机械传感器、光学传感器、气体传感器
视觉传感器（主动式）	特定物体的建模、轮廓形状的识别
视觉传感器（被动式）	作业环境的识别、异常的检测等

表 4-6 按照检测方法的分类

传感器分类	检测方法
光学式传感器	根据视觉色觉的变化、光泽疏密的变化进行检测
机械式传感器	根据触觉的不同、软硬的变化、平面的不平度进行检测
超声波式传感器	根据接近程度、距离的变化
电阻式传感器	压、拉等力引发电阻的变化进行检测
半导体式传感器	压觉、力觉、分布触觉
电容式传感器	接近感、分布压感、角度感的变化处理
气压传感器	接近感的变化
磁传感器	接近感、触感，方向感、方位感的磁场强度变化
流体传感器	角度的变化
气体传感器	嗅觉的变化

在内传感器中，位置传感器和速度传感器也称为伺服传感器，是机器人反馈控制中实现闭环控制、伺服动作不可缺少的元器件。通过对位置、速度数据进行一阶或二阶微分（或差分）得到速度、角速度或加速度、角加速度的数据，进行信号处理，在机器人中频繁的使用。工业机器人是高度集成的机电一体化产品，其含有内传感器和电机、轴等机械部件，或机械结构如手臂（Arm）、手腕（Wrist）等安装在一起，完成位置、速度、力度的测量，实现伺服控制。

4.3.1.1 位置(位移)传感器

位置传感器（position sensor）是能准确地感受到被测物体的位置并转换成对应的可用输出信号的传感器，用来测量机器人自身的位置。位置传感器可分为直线位置传感器和角位置传感器。用来检测机器人的起始原点、极限位置或者确定具体位置。

位置传感器反映某种状态的开关，有接触式和接近式。接触式传感器的触头由两个物体接触挤压而动作，其输出为 0 和 1 的高低电平变化。 常见的有微型行程开关、接近开关、二维矩阵式位置传感器等。

行程开关是根据运动部件的行程位置进行切换电路的电气装置，也称限位开关，起到控制机械装备的行程和限位保护作用。 行程开关结构简单、动作可靠、价格低廉。当物体移动部件在运动过程中，碰到行程开关时，其内部触头会动作，实现电路的切换，从而完成控制。 行程开关一般安装在壳体内，壳体对外力、水、尘埃等起到保护作用。 如在加工中心的 X、Y、Z 轴方向两端分别装有行程开关，控制运动部件的移动范围，进行终端限位保护。 一般要承受多次撞击震动，装置的可靠性要高，噪声要低。

接近开关是指当物体与其接近到设定距离时就可以发出"动作"信号的开关，利用其对接近物体的敏感特性达到控制开关通或断的目的，无需和物体直接接触，又称无触点行程开关，也可完成行程控制和限位保护。 接近开关种类很多，主要有电磁式、光电式、差动变压器式、电涡流式、电容式、干簧管、霍尔式等。 当有物体移向接近开关，并接近到一定距离时，位移传感器才有"感知"，开关才会动作，通常把这个距离叫"检出距离"。 不同的接近开关检出距离也不同。 有时被检测物体是按一定的时间间隔，一个接一个地移向接近开关，又一个一个地离开，这样不断地重复。 不同的接近开关，对检测对象的响应能力是不同的，这种响应特性被称为"响应频率"。 接近开关在数控机床上的应用主要是刀架选刀控制、工作台行程控制、油缸及汽缸活塞行程控制等。

涡流式接近开关，有时也叫电感式接近开关。 它是利用导电物体在接近这个能产生电磁场接近开关时，使物体内部产生涡流。 这个涡流反作用到接近开关，使开关内部电路参数发生变化，由此识别出有无导电物体移近，进而控制开关的通或断。 这种接近开关所能检测的物体必须是导电体。 在一般的工业生产场所，通常都选用涡流式接近开关和电容式接近开关，因为这两种接近开关对环境的要求条件较低。 当被测对象是导电物体或可以固定在一块金属物上的物体时，一般都选用涡流式接近开关，因为它的响应频率高、抗环境干扰性能好、应用范围广、价格较低。

电容式接近开关，这种开关的测量通常是构成电容器的一个极板，而另一个极板是开关的外壳。 这个外壳在测量过程中通常是接地或与设备的机壳相连接。 当有物体移向接近开关时，不论它是否为导体，由于它的接近，总要使电容的介电常数发生变化，从而使电容量发生变化，使得和测量头相连的电路状态也随之发生变化，由此便可控制开关的接通或断开。 这种接近开关检测的对象，不限于导体，可以是绝缘的液体或粉状物等。 若所测对象是非金属（或金属）、液位高度、粉状物高度、塑料、烟草等，则应选用电容式接近开关。 这种开关的响应频率低，但稳定性好，安装时应考虑环境因素的影响。

霍尔接近开关是利用霍尔元件做成的开关。 霍尔元件是一种磁敏元件，霍尔传感器是利用霍尔现象制成的传感器。 将锗等半导体置于磁场中，在一个方向通以电流时，则在垂直的方向上会出现电位差，这就是霍尔现象。 将小磁体固定在运动部件上，当部件靠近霍尔元件时，便产生霍尔现象，从而判断物体是否到位。 当磁性物件移近霍尔开关时，开关检测面上的霍尔元件因产生霍尔效应而使开关内部电路状态发生变化，由此识别附近有磁性物体存在，进而控制开关的通或断。这种接近开关的检测对象必须是磁性物体。若被测物为导磁材料或者为了区别和它在一同运动的物体而把磁钢埋在被测物体内时，应选用霍尔接近开关，因为它的价格最低。

光电式接近开关是利用光电效应做成的开关。将发光器件与光电器件按一定方向装在同一个检测头内。当有反光面（被检测物体）接近时，光电器件接收到反射光后便有信号输出，由此便可“感知”有物体接近。在环境条件比较好、无粉尘污染的场合，可采用光电接近开关。光电接近开关工作时对被测对象几乎无任何影响。现在的光电开关由 LED 光源和光电二极管或光电三极管等光敏元件，相隔一定距离而构成的透光式开关。当代表基准位置的遮光片通过光源和光敏元件之间的缝隙时，光线照射不到光敏元件上，就会产生开关作用。有些光电开关将接收光源端和放大电路集成在一起，更便于应用。光电开关是非接触式检测，安装空间小，但检测精度会受到一定限制。

热释电式接近开关是用能感知温度变化的元件做成的开关。它是将热释电器件安装在开关的检测面上，当有与环境温度不同的物体接近时，热释电器件的输出便变化，由此便可检测出有物体接近。

其他形式的接近开关还有利用多普勒效应制成的超声波接近开关、微波接近开关等。当观察者或系统对波源的距离发生改变时，接近到的波的频率会发生偏移，这种现象称为多普勒效应。当有物体移近时，接近开关接收到的反射信号会产生多普勒频移，由此可以识别出有无物体接近。

为了提高识别的可靠性，多种接近开关往往复合使用。无论选用哪种接近开关，都应注意对工作电压、负载电流、响应频率、检测距离等各项指标的要求。

平面型位置开关是多个开关传感器组合成二维平面矩阵形式，可以在进行面接触时监控接触位置的变化。二维矩阵式位置传感器安装于机械手掌内侧，用于检测自身与某个物体的接触位置，即通过矩阵面上不同接触点的变化来监控位置变化，实质上是多个开关的组合运用。

4.3.1.2 位移传感器

能够对运动过程中的不间断的位置进行测量的传感器，称为位移传感器。

测量直线位移的直线位移传感器有电位计式传感器和可调变压器两种。测量角度的角位移传感器有电位计式、可调变压器（旋转变压器）及光电编码器三种，其中光电编码器有增量式编码器和绝对式编码器。

（1）电阻式电位器

电阻式电位器是由环状或棒状的电阻丝和滑动片（或称为电刷）组成，滑动片的触头接触或靠近电阻丝取出电信号，电刷与驱动器连成一体，将直线位移或转角位移转换成电阻的变化，在电路中以电流或电压的方式输出。电位器分为接触式和非接触式两大类。滑片式电位器以导电塑料电位器为主，分辨率高，线性度和稳定性好。

电阻式电位器有绕线型和薄膜型两种。绕线型电位器的测量与电位器绕线的匝数有关，输出是步进式；薄膜型电位器的表面喷涂了阻性材料的薄膜，输出是连续的，噪声也较小。由于是滑动触头与电阻元件通过物理接触来实现位移的测量，接触点的磨损、接触不良以及外部环境都会对传感器的测量精度造成影响。

此外，也有利用电容制成的电容式电位计，灵敏度高，但测量范围小。

（2）编码器

编码器应用广泛，能够检测细微的运动，输出为数字信号。编码器有两种基本形式：增量式编码器和绝对式编码器。

增量式编码器一般用于零位不确定的位置伺服控制，在获取编码器初始位置的情况下可以给出确切位置。故在开始工作时，一般要进行复位，然后可以确定任意时刻的角位移。绝对式编码器能够得到对应于编码器初始锁定位置的驱动轴瞬时角度值，当设备受到驱动时，只要读出每个关节编码器的读数，就能够对伺服控制的给定值进行调整，以防止机器人启动时产生过于剧烈的运动。

根据检测原理，编码器分为光学式、磁式、感应式和电容式等。机器人中用得比较多的是光学编码器和磁式编码器。编码盘直接安装在电机的旋转轴上，以测出轴的旋转角度位置和速度变化，其输出电信号为电脉冲，优点是精度高，反应快，工作可靠。其码盘是由多圈弧段组成，每圈互不相同，沿径向方向各弧段的透光和不透光部分组成唯一的编码指示精确位置。增加的多圈弧段数目越大，绝对式编码器的分辨率就越高。增量式编码器有一个计数系统和变向系统，旋转的码盘通过敏感元件给出一系列脉冲，在计数中对每个基数进行加或减，从而记录了旋转方向和角位移。

光学编码器原理是利用光的各种性质，检测物体的有无和物体表面状态的变化。其检测距离长，对检测的物体限制少，响应时间短，分辨率高，可实现非接触检测。通过光强度的变化转换为电信号的变化来实现控制。传感器有三部分组成，发送元件、接收元件和检测元件。光学编码器是在明暗方格的码盘两侧，安放发光元件和光敏元件，随着码盘的旋转，光敏元件接收的光通量随方格的间距而同步变化。光敏元件将输出的波形经过整形后变成脉冲。根据脉冲计数，可以获取固定在码盘上的转轴的角位移，码盘可以根据不同相的相位变化，判定转轴的旋转方向。也可以通过不同相之间的逻辑运算，提供码盘的旋转分辨率。

磁式编码器原理是：通过在强磁性材料表面上等间隔地记录磁化刻度标尺，在标尺旁边放置磁阻元件或霍尔元件，检测出磁通的变化，从而对与编码器相固定的转轴的角位移进行判定。

编码器通过将圆周旋转转换为线位移，可以测量直线位移，即直线的变化驱动编码器的旋转，得到与直线位移相配的脉冲信号。就完成了对直线位移的测量。即通过变换使得编码器能同时测量角位移和直线位移。

（3）可调变压器

可调变压器传感器可以测量直线位移和角位移。线性可变差接变压器可以输出模拟信号，能够检测精确位置信息。通过固定于圆棒上的磁芯随圆棒在线圈中直线运动，使得线圈绕组之间的耦合发生变化，输出电压随着变化，磁芯的位置与输出电压成线性关系，通过检测输出电压可以确定与圆棒相连的外部物体的位移变化。旋转变压器是由铁芯、定子线圈、转子线圈组成，用来测量旋转角度的传感器。旋转变压器是一种输出电压随转子转角变化的信号元件。当励磁绕组以一定频率的交流电压励磁时，输出绕组的电压幅值与转子转角成正、余弦函数关系，或保持某一比例关系，或在一定转角范围内与转角成线性关系。旋转变压器的工作原理是：它的原、副绕组之间相对位置因旋转而改变，其耦合情况随角度而变化。在励磁绕组（即原绕组）以一定频率的交流电压励磁时，输出绕组（即副绕组）的输出电压可与转子角度成正弦、余弦函数关系，或在一定转角范围内呈线性关系。输出电压与转角成正弦或余弦函数关系的称为正弦或余弦旋转变压器，输出电压与转角成线性关系的称为线性旋转变压器。

旋转变压器的工作原理与普通变压器相似，不过能改变其相当于变压器原、副绕组的励磁绕组和输出绕组之间的相对位置，以改变两个绕组之间的互感，使输出电压与转子转角成某种函数关系。

4.3.1.3 速度和加速度传感器

速度和加速度传感器的工作原理往往是利用了位移的求导数学变换得来的，与位移的检测密不可分。由于数学处理的迅速，通过积分变换也能够快速获取系统的位移。因此通过速度传感器和加速度传感器也能够获取系统准确的位移量。速度传感器有测量平移和旋转运动速度两种，但大多数情况下，只限于测量旋转速度。利用位移的导数，特别是光电方法让光照射旋转圆盘，检测出旋转频率和脉冲数目以求出旋转角度，及利用圆盘制成有缝隙，通过两个光电二极管辨别出角速度即转速，这就是光电脉冲式转速传感器。

此外还有测速发电机用于测速等。测速发电机也称为转速计传感器，是基于发电机原理的速度传感器或角速度传感器。

测速发电机测量角速度的原理是：如果线圈在恒定磁场中发生位移，线圈两端的感应电压 E 与线圈内交变磁通 Φ 的变化速率成正比，输出电压为：

$$E=-\frac{\mathrm{d}\Phi}{\mathrm{d}t}$$

根据输出电压的变化来进行测量速度的变化，按照结构可以分为直流测速发电机、交流测速发电机、感应式交流测速发电机。

直流测速发电机定子为永久磁铁，转子为线圈绕组。可以测量不同的旋转速度，测速范围高，线性度较好，适合用于速度传感器。永久交流测速发电机在转子上安装了多磁极永久磁铁，定子线圈输出与旋转速度成正比的交流电压。交流感应测速发电机通过合成的交链磁通在输出线圈中感应出与转子旋转速度成正比的电压。

应变仪即伸缩测量仪，也是一种应力传感器，用于加速度测量。加速度传感器用于测量工业机器人的动态控制信号。一般由速度测量进行推演已知质量物体加速度所产生动力，即应用应变仪测量此力进行推演。即根据与被测加速度有关的力可由一个已知质量产生。这种力可以为电磁力或电动力，最终简化为对电流的测量，即伺服返回传感器。

4.3.1.4 力觉传感器

力的感知对于机器人的精确操作是非常重要的。力觉传感器用于测量两物体之间作用力的三个分量和力矩的三个分量。机器人中理想的传感器是粘接在依从部件的半导体应力计。 具体有金属电阻型力觉传感器、半导体型力觉传感器、其他磁性压力式和利用弦振动原理制作的力觉传感器。

应变仪是测量外力作用下变形材料变形量的传感器，一般材料采用金属电阻丝、铂电阻应变片、半导体应变仪等。 金属电阻丝通过电阻细线在受力方向上应变量的变化引发电阻的变化，从而引发电路电压的变化，建立起力与电压的对应关系。

测力传感器为精密负荷变换器，可以对压缩和拉伸变形进行检测。 测量原理是在施加外力后出现的应变承载体上粘贴应变片，由应变求出作用力大小。

半导体压力传感器就是对半导体硅片的厚度蚀刻变薄，加工成易变形的隔膜，由此制作半导体应变片，能够测量气体和液体的压力，也可以做成触觉传感器和微小力的力觉传感器。

另外，还有转矩传感器（如用光电传感器测量转矩）、腕力传感器（如国际斯坦福研究所的由 6 个小型差动变压器组成，能测量作用于腕部 X、Y 和 Z 三个方向的动力及各轴动转矩）等。

4.3.1.5 光纤传感器

光纤传感器是由一束光纤构成的光缆和一个可变形的反射表面组成。 光通过光纤束投送到可变形的反射材料上，反射光通过光纤束返回，如果反射表面没有受力且表面平整，则通过每条光纤返回的光束是相同的。 如果反射表面因为与物体接触受力而变形，则反射的光强度不同，用高速光扫描技术进行处理，则可以得到反射表面的受力情况。 如将光纤传感器安装在机器爪握持面，可以用来检测机械手抓握受力情况。

近年来，工业机器人普遍采用以交流永磁电动机为主的交流伺服系统，对应位置、速度等传感器大量应用的是各种类型的光电编码器、磁编码器和旋转变压器。

4.3.2 外传感器

以往一般工业机器人是没有外部感觉能力的，而新一代机器人如多关节机器人，特别是移动机器人、智能机器人则要求具有校正能力和适应反映环境变化的能力，外传感器就是实现这些能力的感知装置。 外传感器种类很多，在此仅介绍以下几种。

（1）触觉传感器

微型开关是接触传感器最常用的形式，一旦接触可引发系统状态的变化，即输入系统工作电平的变化。 另有隔离式双态接触传感器（即双稳态开关半导体电路）、单模拟量传感器、矩阵传感器（压电元件的矩阵传感器、人工皮肤-变电导聚合物、光反射触觉传感器等），触觉传感器均是通过一旦发生接触必会引发某种物理量的变化，从而引发与之对应的电平的变化，系统由此来感知接触的形成。

（2）应力传感器

工业机器人的关节进行动作时需要知道实际存在的接触、接触点的位置（定位）、接触的特性即估计受到的力的状态这三个条件，利用测量系统力学状态变化的应变仪，结合具体应力检测的环境来感知其应力变化。 如为求出末端执行器与抓持物体间的作用力，可在接触环境面装设应力传感器、在机器人腕部装设测试仪器，或直接用传动装置作为传感器等方法来感知应力变化的状态。

（3）声觉传感器

声觉传感器是用于感受和解释在气体、液体或固体中传播的声波信息的传感器。声觉传感器复杂程度可以从简单的声波存在检测到复杂的声波频率分析，还包括对连续自然语言中单独语音和词汇的辨别，从各种不同的发声中分辨出有用的信息。

（4）接触式或非接触式温度传感器

近年来，温度传感器在机器人中应用较广，除常用的热敏电阻、热电偶等外，使用热电电视摄像机的感知图像来检测及感觉温度方面也取得了进展。

（5）滑觉传感器

滑觉传感器用于检测物体的滑动状态，检测位于接触部分的动态位移。当要求机器人抓住特性未知的物体时，机器人手部与对象物体的接触点会产生相对位移，必须确定最适当的握力值，所以要求检测出握力不够时所产生的物体滑动信号。

滑觉传感器的结构有滚轮式和滚球式，可以通过机器人手部与被抓持的物体之间通过滚球和滚子接触，把滑动位移转换为转动信号进行处理。振动式滑觉传感器通过表面触针和物体接触，抓持物体滑动时，引发触针和物体接触产生振动，由能够检测出微小位移的压电传感器或磁场线圈传感器进行检测。

目前有利用光学系统的滑觉传感器和利用晶体接收器的滑觉传感器，后者的检测灵敏度与滑动方向无关。

（6）距离传感器

用于智能移动机器人的距离传感器有激光测距仪（兼可测角）、声纳传感器等。通过距离的测量可以获取外部环境的深度信息、相对位置信息，机器人可以借此对物体进行定位和壁障。

（7）视觉传感器

视觉传感是应用在生产装置上的一种电子图像技术，通过视觉传感器把图像抓到，然后将图像传送至处理单元，通过数字化处理，根据像素分布和亮度、颜色等信息，来进行尺寸、形状和颜色的判别，并根据判别结果进而控制生产设备的工作。视觉传感器的工作过程可以分为四个步骤：图像的检测、图像的分析、图像的绘制和图像识别。视觉传感器具有从一幅图像中捕获数以千计像素的能力。视觉信息一般通过光电检测转换为电信号，通过图像信息的变化可以对物体的形状位置等特征信息进行判定。

目前使用比较多的视觉传感器是光接收装置及其各种摄像机，如光电二极管与光电转换器件、位置敏感探测器（PSD）、CCD 图像传感器、CMOS 图像传感器及其他的摄像元件。通过对拍摄到的图像进行处理，来计算对象物体的特征量（面积、重心、长度、位置、颜色等），并输出数据和判断结果。

利用视觉信息构成机器人末端的位置闭环控制，称为视觉伺服控制。视觉伺服是指控制系统在运动中提取视觉系统信息，利用图像特征如点、线、边缘，以及几何矩等视觉信息在线调整机械手位姿，以实现某种特定的功能，如运动目标的跟踪、定位、抓取等。

视觉伺服模块的硬件部分主要是由摄像机和配对的视频处理卡构成。摄像机将工作空间内的视频信号转换为所需像素的数字图像信号。视觉伺服系统根据摄像机安装的位置可以分为眼固定和眼在手上两种方式。眼固定方式是将摄像机固定在机器人空间中某个位置，可以获得固定的图像分辨率，并可同时获得机械臂及其工作环境的图像信息，便于将视觉系统和机器人控制系统集成。但在机器人运动过程中，会发生图像特征遮盖现象，观察灵活性差；摄像机无法根据作业要求给出环境的细节描述。眼在手上的方式是将摄像机安装在机器人末端执行器上，随手爪的运动而运动，因而具有较大的视觉范围，并且不存在图像特征遮盖问题。通过调整手爪位姿，可以让摄像机接近被观察对象，提高图像分辨率，从而提高测量精度。但摄像机的运动容易造成图像模糊，增加了图像特征准确提取的难度；当手爪接近目标时可能造成目标超出摄像机视场；由于摄像机安装在机械臂末端，增加了机械手的负载。

要实现机器人根据视觉信息完成相应动作，就必须完成图像坐标系、工作平面坐标系、机器人坐标系三者之间的转换，将图像坐标系中的某点与工作平面坐标系中的相应点对应起来，并且最终都表示在机器人坐标系中。所以就需要进行摄像机的标定和坐标的提取，将图像坐标系和工作平面坐标系统一在机器人坐标系下。

图像处理的基本原理就是：由摄像机采集视频信号，将视频信息转化为数字化图像，然后通过视频处理卡及视频处理程序对数字图像进行灰度化、边缘检测、轮廓坐标重建等操作，最终将目标物形状及中心位置信息传输给上位运动控制程序，驱动机器人完成对目标物的操作。

二维视觉传感器。二维视觉基本上就是一个可以执行多种任务的摄像头。从检测运动物体到传输带上的零件定位等。二维视觉在市场上已经出现了很长一段时间，并且占据了一定的份额。许多智能相机都可以检测零件并协助机器人确定零件的位置，机器人就可以根据接收到的信息适当调整其动作。

三维视觉传感器。三维视觉传感器分为被动传感器和主动传感器两大类，被动传感器通过摄像机等对目标进行拍摄，获取目标物图像。主动传感器通过传感器向目标投射光图像，接收返回信号，对距离进行测量。

与二维视觉相比，三维视觉是最近才出现的一种技术。三维视觉系统必须具备两个不同角度的摄像机或使用激光扫描器。通过这种方式检测对象的第三维度。根据目标物体的图像获取目标物体的轮廓形状来计算其位置信息，并将这些信息进行规范后传送给机器人控制系统，目标物体的位置信息的自动化计算是三维视觉技术的重要环节。机器人系统根据规范后的目标物体空间坐标对机械手进行运动轨迹规划，控制机械手靠近目标物体并实施操作。

同样，现在也有许多的应用使用了三维视觉技术。例如零件取放，利用三维视觉技术检测物体并创建三维图像，分析并选择最好的拾取方式。

另外，还有其他视觉传感器：功能性视觉传感器，如人工视网膜传感器，图形处理能力强，使用灵活、快速、成本低；时间调制图像传感器，能把光检测器生成的入射光量，以及全体像素共同参照信号的时间相关值并行存储，以类似图像传感器那样输出，主要用在振动模态测量，图像特征提取、立体测量等方面；生物视觉传感器，通过模拟动物或人的眼睛的结构获取周围的信息，把获取的视觉信息传送给脑神经细胞进行处理，但目前在这方面的研究不够充分，离工业化的应用还比较远。

（8）接近觉传感器

接近觉传感器是能在近距离范围内获取执行器和对象物体之间空间相对关系信息的传感器。其作用是确保机器人工作时的安全，防止接近或碰撞，确认物体的存在或通过，测量关联物体的位置和姿态，检测物体的外形，用于生成修正规划和动作规划的路径，躲避障碍物，避免发生碰撞。

接近度传感器有接触式、电容式、电磁传感器、流体传感器、声波传感器等。

接触式传感器用于定位或触觉，检测比较可靠，通过接触或不接触导致开关的通断来判定物体的相对距离，缺点是对物体表面有时会造成损坏，分离状态下无法进行检测。电容式传感器通过电容量与电极面积、电介质的介电常数成正比，与电极板之间的距离成反比。如果固定电容极板的面积和介电常数，通过电容的变化可以检测对象物体之间的距离。电磁传感器通过磁路磁阻的变化引发线圈感抗变化，来测量对象物体与磁路元件之间的距离。

由于机器人的运动速度提高及对物体装卸可能引起损坏等原因需要知道物体在机器人工作场地内存在位置的先验信息以及适当的轨迹规划，所以有必要应用测量接近度的遥感方法。接近传感器分为无源传感器和有源传感器，所以除自然信号源外，还可能需要人工信号的发送器和接收器。

超声波传感器可向前方空间发射和接收超声波信号，其测距原理是通过发射与接收到信号的时间差来计算传感器与被测物体的距离。是一种非接触式测量传感器，常用于不能与被测物体接触的场合。通过发射超声波脉冲信号，测量回波的返回时间就可获取物体的距离。安装多个传感器，组成传感器界面，还可以测量物体表面的倾斜状态。超声波接近度传感器可以用于检测物体的存在和测量距离，超声波指向性强，能量消耗缓慢，在介质中传播距离较远。它不能用于测量小于30～50cm的距离，而测距范围较大，它可用在移动机器人上，也可用于大型机器人的夹手上。还可做成超声导航系统。超声波的优点是电路及信号处理简单，测量精度较高，装置体积小，价格相对便宜，受到干扰相对光学小一些。

红外线接近度传感器，其体积很小，只有几立方厘米大，因此可以安装在机器人夹手上。

典型工业机器人结构设计

工业机器人技术是利用计算机的记忆功能、编程功能来控制操作机自动完成工业生产中某一类指定任务的高新技术，是当今国际上竞相发展的高技术内容之一。它是综合了当代机构运动学与动力学、精密机械设计、现代控制理论和计算机技术发展起来的产物，是典型的机电一体化产品。工业机器人由操作机和控制器两大部分组成，操作机按计算机指令运动，可实现无人操作；控制器中计算机程序可依加工对象不同而重新设计，从而满足柔性生产的需要。

本章主要针对冷冲压用机器人结构设计，热冲压用机器人结构设计，数控机床用机器人结构设计，装配用机器人结构设计，模块化工业机器人结构设计等典型工业机器人结构设计问题进行阐述。在明确工业机器人方案制定的基本原则和工业机器人设计流程的必要内容的基础上，重点论述典型工业机器人结构设计中存在的共性问题和相应的原则性解决方案。

5.1 工业机器人方案制定的基本原则和设计流程

5.1.1 工业机器人方案制定的基本原则

在确定工业机器人方案时，主要应遵循以下基本原则。

（1）明确生产及工艺流程，制定初步方案

生产与工艺流程中，机器人及设备位置的确定对整个生产线的设计至关重要，合理的位置可以充分发挥机器人及设备的功能、充分利用现有场地的资源，通过优化物流的路径可以减少流转时间、节省加工节拍、提高生产效率。

机器人及设备位置的确定应考虑以下基本原则。

① 输送方向应与零件加工工艺流程一致，物料流转过程中应尽量减少换手、停顿、姿态转换等中间环节。

② 机器人及设备的位置应考虑生产场地的大小，合理利用现有生产场地，使设计的生产线满足生产与输送的总体需要。

③ 需要考虑各加工工序间加工时间的长短，使物料在各工序间输送时能平衡各工序加工时间的差异，尽量使各工序间物料输送及加工的时间趋向平衡，使加工节拍更加

合理。

④ 考虑物料输送过程中机械手能方便地在加工设备上取放工件，使机械手在取放工件时能更好地适应工件的姿态，避开物料输送时机械手过多的移动、避让障碍物的运动等。

（2）确定工作环境下的线缆及管路

机器人及设备中驱动和控制线缆、气路和油路的布置状况是衡量外观设计是否合理的关键。

确定线缆和管路时应考虑：电缆和管路布置形式是否有空中桥架式、地面线槽式和地沟线槽式等，应根据设备及加工的要求，合理选择与布置。 如防止手爪抓取工件运行时与空中桥架发生干涉；应将线槽安装于加工区域的脚踏板下，并固定于地面上，以避免在加工区域内与必要的维修操作发生磕碰；线缆和管路应该分开放置，便于维修和更换等。

（3）机器人的建模与设计

典型工业机器人一般是由操作机、减速器、伺服电机、伺服驱动器及控制器等部分组成。 工业机器人操作机除了基本操作机构外，还可能在其上安装其他附加机构和装置，如检验装置、测量装置、清洗装置或工艺装备等。

这里的机器人建模指的是机器人机械结构建模。 机器人从机械结构上可以分为龙门结构、壁挂结构、垂挂结构等。 根据安装空间的要求不同可以选择不同的结构，每种结构的特性要求不同，其力学特性、运动特性也不一样。 机器人的设计必须基于一个确定的结构进行。

5.1.2 工业机器人设计流程的必要内容

工业机器人方案制定以后需要进行设计。 设计流程的必要内容主要包括运动性能计算、力学特性分析、机械结构设计和动力学仿真等。

（1）运动性能计算

运动性能需要计算的主要参数有：平均速度、最大速度、加速度/减速度等。 另外，根据机器人的特性不同，还需要进行其他运动参数的计算。

（2）力学特性分析

机器人是由许多定位单元及结构单元组成的，对于每个定位单元或定位系统都要分析或计算，如水平推力、正压力、侧压力等。 另外，根据机器人的特性不同，还需要进行其他力学参数的计算。

（3）机械结构设计

在完成了前面工作后，机器人系统的雏形就已经形成了，接下来的工作就是将雏形进行机械结构设计。

工业机器人的机械结构及工艺性取决于承载能力、自由度、工作空间、定位误差和控制系统形式等基本参数。

首先，要针对工业机器人的本体结构进行设计。 工业机器人的本体结构可以由多种机构组成。

① 多种形式的减速器，如普通齿轮式、行星齿轮式、谐波传动式。

② 牵引装置，如齿条-齿轮式、滚珠丝杠式。

③ 导轨/支承，如执行直线移动的导轨、执行回转运动的支承。

④ 联轴器/制动器。

⑤ 平衡机构，如弹簧式的平衡机构。

⑥ 差动齿轮机构，如具有传递功率封闭流的差动齿轮机构。

⑦ 夹持装置。

其次，针对操作机结构的重要元件进行设计。 对于工业机器人的操作机来说，操作机结构的重要元件是执行机构的导轨与支承，如多种形式的回转立柱、直线移动小车及摆动手臂等。

最后，形成工程图和相应的技术文件，以便于生产。

（4）动力学仿真

机器人研究过程中，运用多种软件进行设计与仿真是不可缺少的过程，尤其是在设计的初期，软件的选择较为困难。 但是，当机器人的构型确定以后，软件的选择与使用便简单、方便。 为了方便对机器人的初始结构和性能进行分析，可以根据其构型进行动力学仿真。 在仿真过程中，机器人运动到工作空间的恶劣姿态应尽量接近实际应用。

当应用 Adams 软件仿真时，可以设置机器人的仿真条件如下。

① 参考机器人的技术特性，在给定各关节的最大加速度和最大运动范围内运动，使末端运动速度尽量大。

② 设置机器人运动到苛刻的位姿，在末端加入惯性矩足够大的负载。

③ 仿真结果应具有普遍性。 设置机器人在运动过程中，由初始状态依次经历加速、匀速、减速运动到水平位置全伸展状态，进而达到运动空间中的苛刻姿态。

5.2 冷冲压用机器人结构设计

在常温下进行的冲压加工称为冷冲压。 冲压工业机器人为自动执行工作的机器装置，是靠自身动力和控制能力来实现各种功能的机器。 它可以接受人类指挥，也可以按照预先编排的程序运行，不仅如此，现代冲压工业机器人还可以根据人工智能技术进行行动。

冲压工业机器人加速了制造业的危机感，国外的大量事实证明，在国外汽车、电子电器、工程机械等行业已经大量使用工业机器人自动化生产线，冲压工业机器人的使用保证了产品质量，提高了生产效率，同时还避免了大量的工伤事故，冲压工业机器人自动化生产线成套设备将成为自动化装备的主流。

这里讨论的冷冲压用工业机器人是面向工业领域的多关节机械手或多自由度的机器人。

5.2.1 GY 型冷冲压用机器人特征要求

对于冷冲压用机器人，除了要求在负载一定条件下运行轨迹精确、性能稳定可靠等特性外，还要满足启动及制动频繁、作业范围大、工件尺寸及回转面积大等特点。

GY 型冷冲压工业机器人的特征要求包括机器人的技术特征、外观、结构、电气设备及可靠性等。

GY 型冷冲压机器人的技术特征主要要求包括：①操作机手的数量（只）；②单手承载能力（kg）；③操作机的自由度数（个）；④操作机的最大、最小工作范围半径（R_{max}、R_{min}）；⑤手臂最大水平行程（mm），手臂轴离地面的最小及最大高度（mm）；⑥手臂最大垂直行程（mm）；⑦每只手相对于操作机纵轴位置角的安装极限（°）；⑧夹持器在手转动时的定位精度及在线位移时的定位精度；⑨夹持器绕纵轴的最大转角（°）；⑩单手臂、双手臂的操作机质量（kg）。

5.2.2 GY 型冷冲压用机器人方案制定与设计流程

（1）方案制定

① 明确冷冲压生产与工艺流程，制定初步总体方案　对于机器人冲压自动化系统来说，方案制定需要集成压力机、冲压用机器人、拆垛机、清洗机、涂油机、对中台、双料检测装置、视觉识别系统、各种皮带、同步控制系统及安全防护系统等，并且需要大屏幕显示及具有无缝集成系统的能力。为了把如此多的智能控制系统有效集成，一般采用以太网与工业现场总线二级网络系统，其中现场总线系统可能同时搭载安全总线。

GY 冷冲压型工业机器人广泛用于中小规模生产条件下冷冲压过程的自动化，也用于机械、备料及其他车间中工艺装备上的装料和卸料、机床间和工序间的堆放等。

② 确定冷冲压用机器人工作环境下线缆及管路的配置　在此主要是指冷冲压用机器人气动系统及液压系统的线缆及管路配置。

气动系统控制：夹持器的夹紧与松开；手臂伸缩运动；提升驱动。

液压系统控制：夹持器转动速度大小；夹持器转动均匀性；手臂伸缩定位点制动。

③ 冷冲压用机器人的建模与设计　冷冲压用机器人建模时针对的对象主要是操作机，手臂机构，提升和转动机构。另外，该机器人设计时还要考虑的对象包括循环程序控制装置及千斤顶等。根据技术特征要求，应完成三种结构方案与布局。

④ 确定总体方案　对上述的结果进行分析、修改、完善，制定出明确的三种结构总体方案。

（2）设计流程

设计流程的内容主要包括运动性能、力学特性、机械结构、精度要求、验证与修改等。

① 运动性能　制定满足冷冲压用机器人方案的运动性能与参数如表 5-1 所示。

绘制总机、零部件传动链或运动原理简图。

② 力学特性　针对冷冲压用机器人的设计对象，制定满足其结构的力学特性与参数，如表 5-2 所示。

对 GY 型冷冲压机器人整机及关键零部件应进行强度、刚度、稳定性等计算。

表 5-1 运动性能与参数（GY 型）

运动性能	数值
操作机自由度数	4
位移范围:	
手臂在水平面转动/(°)	340
手臂提升/mm	800
手腕伸出/mm	1500
手腕相对纵轴（Z 轴）转动/(°)	90
位移速度:	
手臂转动/[(°)/s]	150
手臂提升/(m/s)	0.6
手腕伸出/(m/s)	1.5
手腕转动/[(°)/s]	90

表 5-2 力学特性与参数（GY 型）

力学特性	数值
单手承载能力/kg	5
夹持力/N	6000
传动装置电动机总功率/kW	7

③ 机械结构　在满足运动性能计算、力学特性分析的前提下进行机械结构设计。机械结构特殊要求如表 5-3 所示。

表 5-3 机械结构特殊要求（GY 型）　kg

机械结构特性	数值
单手臂操作机质量	460
双手臂操作机质量	780

④ 精度要求　机器人的组成中，除了机械本体外，还包括减速器、伺服电机、伺服驱动器及控制器等关键零部件，因此，在机械结构设计的同时，还应当考虑机械本体与这些部件的设计、选用与匹配，以满足精度要求。

⑤ 验证与修改　验证运动性能、力学特性及精度要求，修改机械结构，直至满足 GY 型冷冲压机器人特征要求。

5.2.3 GY 型冷冲压用机器人运动原理

GY 型冷冲用压机器人的运动原理如图 5-1 所示，该机器人主要部件的运动是通过气-液控制的。

G Y 型冷冲用压机器人的运动要求包括以下几点。

① 当运动指令到达时，空气分配器的各个电磁铁按确定的顺序吸合；同时，空气分配器使得空气进入驱动装置机构的气缸中，此时迫使手臂完成规定的运动。

② 多个终端开关控制手臂的移动量。 当手臂放置在给定的位置时，各终端开关开始动作以控制相应的移动量，并且给出下一步动作允许的位移量。

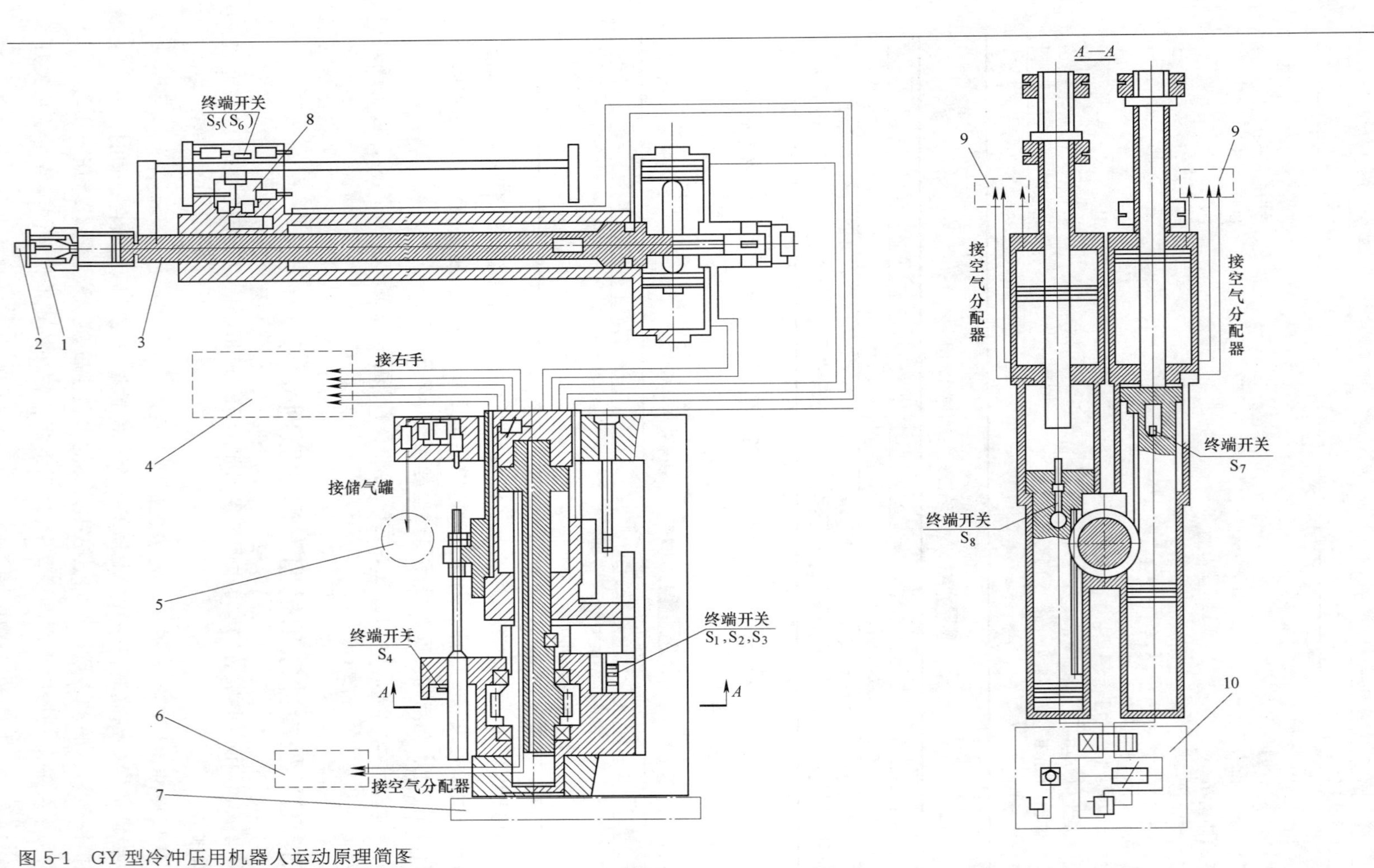

图5-1 GY型冷冲压用机器人运动原理简图

1—夹持器；2—末端执行器；3—左手臂；4—右手臂；5—储气罐；6—空气分配器；7—提升机构；8—空气传输管气缸；9—空气分配器；10—液压控制；

S_n—终端开关

③ 通过“时间设置”控制手腕转动、夹持器松紧等。如对于手腕的转动、夹持器的夹紧、松开是按时间控制的，在所需要点上设置的转动挡块也是按时间控制的，当需要完成这些动作时，仅需要给予一定的时间设置或时间间隔即可。

④ 通过“空气传输管气缸”控制手臂的伸缩运动，此时该气缸用以执行手臂的水平行程。

⑤ 提升机构由液压缸及液压缓冲器控制。

另外，机器人的末端执行器通常安装在操作机械手腕部的前端，它用来直接执行工作任务，此时，夹持器的夹紧与松开由压缩空气来实现。根据机器人功能及操作对象的不同，其末端执行器不同。末端执行器可以是夹持器，也可以是专用工具等。

5.2.4 GY 型冷冲压用机器人结构设计

GY 型冷冲压用机器人的运动控制是保证机器人运动执行的重要因素，而该机器人应用的关键在于其传动控制。从这个角度来说，机器人结构设计对机器人技术应用的影响非常大。

GY 型冷冲压机器人的操作机结构如图 5-2 所示。除了手臂机构、提升和转动机构外，还包括操作机和程序控制装置。

从遵从其运动要求来说，操作机可以具有单手结构或双手结构。而程序控制系统是具有有限定位点数的定位循环式，也可以轮廓式（连续的）形式。

该操作机属于 GY 型冷冲压用机器人的执行机构。

依据特征要求⑦，即每只手相对于操作机纵轴位置角的安装极限，操作机可以有三种结构形式。其中，结构形式 1 是具有双手的操作机，结构形式 2 是具有单手的操作机，结构形式 3 是具有偏移模块的操作机。任何结构形式的操作机均包括手臂、手臂提升和转动机构、气动系统、千斤顶等基本组成单元。

依据特征要求④，即操作机有最大、最小半径工作范围，操作机结构设计时制定有长手臂行程、短手臂行程两种方案。

GY 型冷冲压型工业机器人结构特点：

① 操作机可以安装在距离地面所需要的高度上，用于“手臂轴离地面的最小及最大高度”的调整，该过程通过螺旋千斤顶的起落来实现。

② 从设计简单考虑，操作机的手臂机构可以做成标准化结构。对手臂机构的动作和功能要求是，不仅用于毛坯、零件或工艺附件的夹持、握持，而且需要在空间位置的定向，并承受一定的重量。为了实现这些动作和功能，手臂机构应包括手腕伸缩装置、转动驱动装置、夹持装置及带夹紧驱动装置等。

③ 夹持器可以是整体式也可以是可换式，其上的夹持钳口可以是多种样式，应视零件的尺寸、形状和重量而定，必要时允许更换整个夹持器。

④ 提升和转动机构的功能是实现手臂机构沿着操作机垂直轴的移动及手臂机构绕该轴的转动。

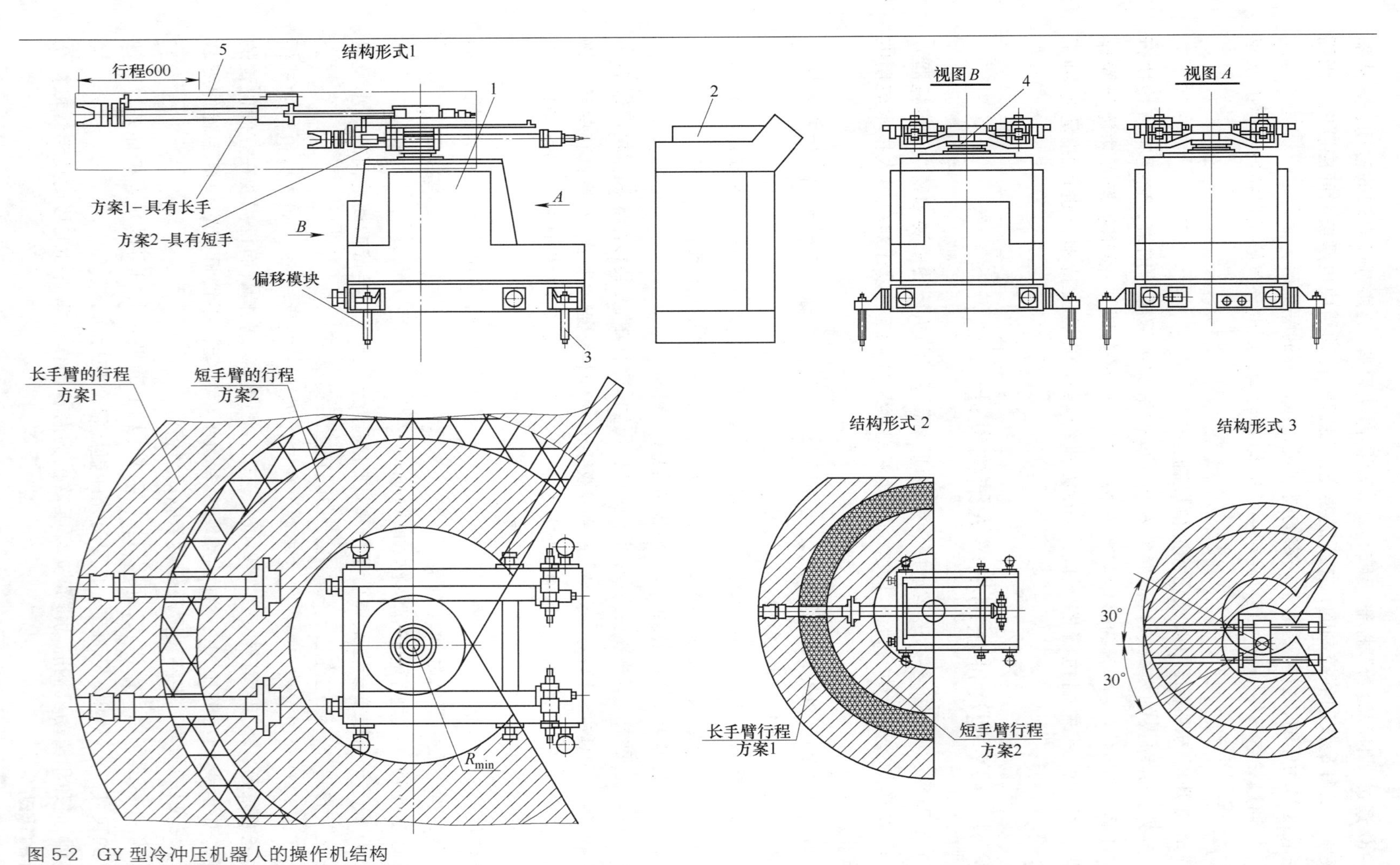

图 5-2 GY 型冷冲压机器人的操作机结构

1—操作机；2—循环程序控制装置；3—千斤顶；4—提升和转动机构；5—手臂机构

⑤ 在结构形式 1 和结构形式 2 中，为了增加手臂缩回的速度，设计时均应该附加快速排气阀。

⑥ 在结构形式 3 中附加有移动模块结构，其目的是在满足特性要求⑤，即手臂最大水平行程条件下，增加在水平方向的工作空间尺寸。

5.3 热冲压用机器人结构设计

随着制造业的蓬勃发展，对冲压件提出了越来越高的要求，如汽车的组成部件中，有很多都是冲压件。在过去，我国的冲压件制造企业多是单机冲压，一个工件成型需要在很多台冲压机上面流转，每台冲压机的上料、下料都是由人工操作，而对于热冲压，有些工件根本无法直接用人工上下料来实现，只能借助热冲压上下料设备来实现。热冲压用机器人能完全代替人工，完成热冲压生产过程中的连续上料、翻转、下料等危险性高、简单重复性及劳动强度高的工作，同时能有效降低劳动强度及危险性，提高生产自动化程度，提高生产效率。

5.3.1 GR 型热冲压用机器人特征要求

GR 型热冲压机器人用于热冲压力机上，用以实现热冲压操作自动化及装卸料，模仿目前人工上料、模具内定位和下料任务。

GR 型热冲压用机器人的特征要求包括：机器人工作时其手臂不仅要夹紧 900℃以上的高温工件，而且操作机本体在连续冲压加工时还会受到相应的振动与冲击。对此，整套系统要能满足工业现场环境，耐高温，而且在高温环境长期可靠工作；整套系统应设有完备的安全措施，以确保设备和人员安全。为了能适合快速更换模具的需要，机器人可沿机床方向移动。

GR 型热冲压机器人的技术特征要求主要包括：①承载能力；②操作机自由度数；③位移范围（如手臂在水平面转动、手臂提升、手腕伸出及手腕相对纵轴转动）；④位移速度（如手臂转动、手臂提升、手腕伸出及手腕转动的速度）；⑤夹持器定位误差；⑥夹持力；⑦传动装置电动机总功率及重量等。

5.3.2 GR 型热冲压用机器人方案制定与设计流程

（1）方案制定

① 明确热冲压用机器人系统构成，制定初步总体方案　热冲压用机器人系统应能够实现水平转动、上下移动、水平伸缩运动及夹持物料等功能，实现热冲压操作的装卸料及模具内定位和下料工作。

为确保机器人机械强度的要求，各个直线运动单元应留有足够的余量。此外要考虑工作现场的高温、粉尘等。气动件应采用保护和隔离，确保其长期、稳定、可靠地工作。设置安全隔离措施，保证在机器人运动范围内人员的安全。

② 热冲压用机器人工作环境下的辅助件及线缆　热冲压用机器人系统较复杂，常

辅以位置程序装置、电驱动装置、晶闸管变换器等组件，方案制定时应考虑其与主机的呼应。明确“基座接线盒”“升降机构接线盒”“管接头”及“软管”等辅助件的安装位置，合理布置控制装置电缆及电线的连接，合理应用压缩空气存储装置。

③ 热冲压用机器人的建模与设计　GR 型热冲压用机器人具有四个自由度，即腰关节、肩关节、肘关节和腕关节，其中腰关节、腕关节为转动关节，肩关节和肘关节为移动关节；还有不同用途的夹持器。建模时针对的对象主要是手臂机构、夹持器、升降机构及转动机构。另外，该机器人设计时还要考虑的对象包括移动装置、冷却装置及导轨保护装置等。通过分析机器人的组成，确定其传动方案和主要结构。

④ 确定总体方案　根据技术特征要求，对上述的结果进行分析、修改、完善，制定出明确的结构总体方案。

（2）设计流程

设计流程的内容包括运动性能，力学特性，机械结构，精度要求，上、下料技术参数，验证与修改等。

① 运动性能　制定满足 GR 型热冲压用机器人方案的运动性能与参数，如表 5-4 所示。

表 5-4　运动性能与参数（GR 型）

运动性能	数值
操作机自由度数	4
位移范围：	
手臂在水平面转动/(°)	340
手臂提升/mm	800
手腕伸出/mm	1500
手腕相对纵轴（Z 轴）转动/(°)	90
位移速度：	
手臂转动/[(°)/s]	150
手臂提升/[m/s]	0.6
手腕伸出/(m/s)	1.5
手腕转动/[(°)/s]	90

绘制总机、零部件传动链或运动原理简图。

② 力学特性　针对 GR 型热冲压用机器人的设计对象，制定满足其结构的力学特性与参数，如表 5-5 所示。

表 5-5　力学特性与参数（GR 型）

力学特性	数值
承载能力/kg	40
夹持力/N	6000
传动装置电动机总功率/kW	7

对 GR 型热冲压用机器人整机及关键零部件还应进行强度、刚度、稳定性等的计算。

③ 机械结构　在满足运动性能计算、力学特性分析的前提下进行机械结构设计。GR 型热冲压用机器人机械结构特殊要求如表 5-6 所示。

表5-6 机械结构特殊要求（GR型）

机械结构特性	数　值
质量（控制装置除外）/kg	1200

④ 精度要求　在机械结构设计时，必须考虑整机及关键零部件的设计、选用与匹配，以满足夹持器精度要求。夹持器精度要求如表5-7所示。

表5-7 精度要求（GR型）

夹持器定位精度	数　值
夹持器定位误差/mm	±2

⑤ 上下料技术参数　上下料节拍：指上料一次，下料一次。该时间由加热炉的出料时间和冲压机的动作时间决定。不同工件设置不同的时间节拍。

上料时间：指从工件抓取、垂直提升、水平进料、释放工件到机械手回缩的完成时间。不同工件设置不同的上料时间。

下料时间：指从伸缩臂进入冲压机、完成工件抓取、垂直提升、水平移出到释放工件的时间。不同工件设置不同的下料时间。

⑥ 验证与修改　验证运动性能、力学特性及精度要求，修改机械结构，直至满足GR型热冲压用机器人特征要求。

5.3.3 GR型热冲压用机器人运动原理

GR型热冲压用机器人的运动原理如图5-3所示。该机器人采用模块化的结构，包括基座、转动模块、提升模块、手臂模块及手腕模块等。

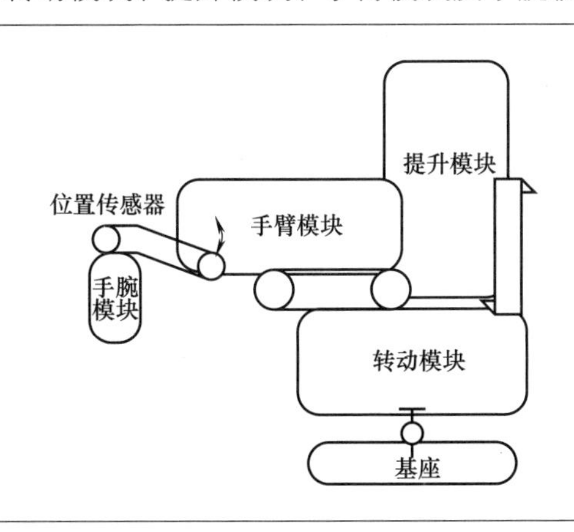

图5-3 GR型热冲压用机器人运动模块布置

操作人员可以依据编制的运动程序进行操作机的操作，由操作人员依靠控制台的把手实施示教工作。如“转动模块”的水平转动；“提升模块”带动手臂部位的上下移动；“手臂模块”的水平伸缩运动以及夹持器带着物料在竖直面内的转动等。

由于生产过程中需要热冲压用机器人连续上料、翻转、下料等，需要有足够的运动空间及合适的自由度。GR型热冲压用机器人的运动空间、方位及轨迹大小对机器人坐标形式、自由度数有影响，对操作机各手臂关节轴线间长度有影响，对各关节轴转角大小及变动范围等均会产生影响。

GR 型热冲压用机器人对运动程序及运动要求主要包括以下几点。

① 当操作机安置在预定的位置时，控制板上的坐标定制器必须放在零点位置，这样才能实现定制器的位置与电位器式位置传感器相一致。

② 每一段控制程序应包括：①指令号。到装备上的工艺指令号；到操作机上的指令号。②定位精度等级。③延续时间，即完成给定指令的延续时间。

③ 机器人在自动工作状态时，程序控制系统形成的信号首先传送到驱动装置变换器上，之后驱动装置变换器必须给出必要的电压值和符号，最后再传递到操作机对应的各电机上。

④ 当机器人的减速系统自动接通时，需要设定各自由度的驱动装置，驱动装置工作后实现精确进给并到达定位点。

⑤ 当完成所有的预定位移以后，运动程序需要再设定工艺指令，即预定时间完成工艺指令，之后自动进入下一段控制程序。

运动过程中连续上料、翻转、下料等，机器人手臂的运动控制是非常重要的。该机器人的手臂-夹持器采用了气压控制，其气动原理如图 5-4 所示。

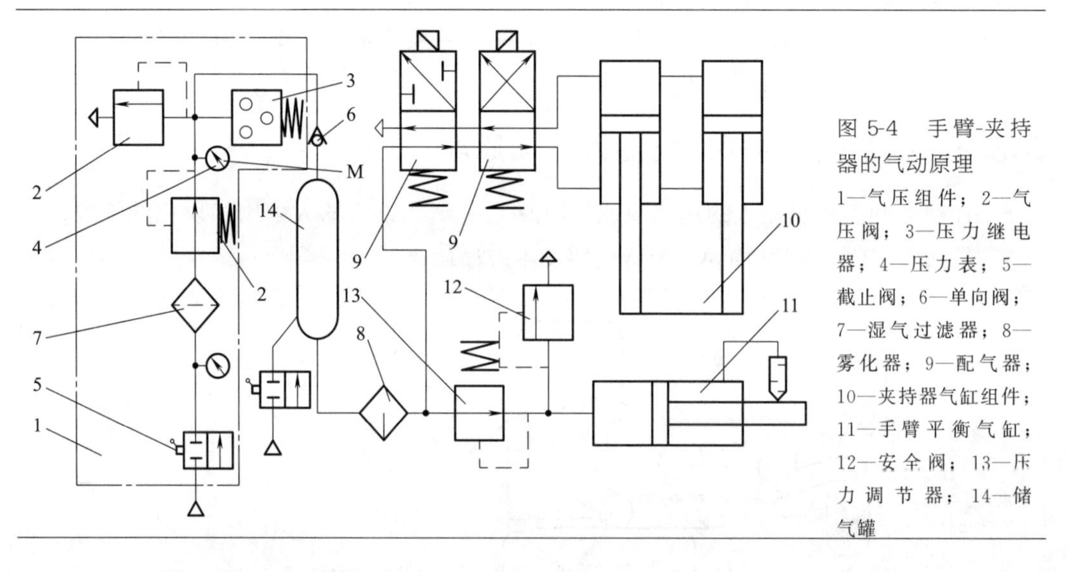

图 5-4 手臂-夹持器的气动原理

1—气压组件；2—气压阀；3—压力继电器；4—压力表；5—截止阀；6—单向阀；7—湿气过滤器；8—雾化器；9—配气器；10—夹持器气缸组件；11—手臂平衡气缸；12—安全阀；13—压力调节器；14—储气罐

手臂-夹持器的气动系统中，通过手臂平衡气缸控制手臂的运动准确性，通过夹持器气缸组件控制夹持器的加紧、松开及夹持力大小。

5.3.4 GR 型热冲压用机器人结构设计

热冲压用机器人设计时必须首先满足目前的工业现场环境，耐高温，而且在高温环境下长期可靠工作的要求；其次，工件的多样性、工位的变化及工作接口也是需要解决的问题。当多种工件加工时，工件尺寸大小不一，变化较大，没有办法使用同样的端拾器时，只能为多种工件提供多套端拾器。对一个工件而言，每经过一个工位，工件的外形就会变化，所以每个工序的端拾器也需要随之变化。以此推论，需要较多的端

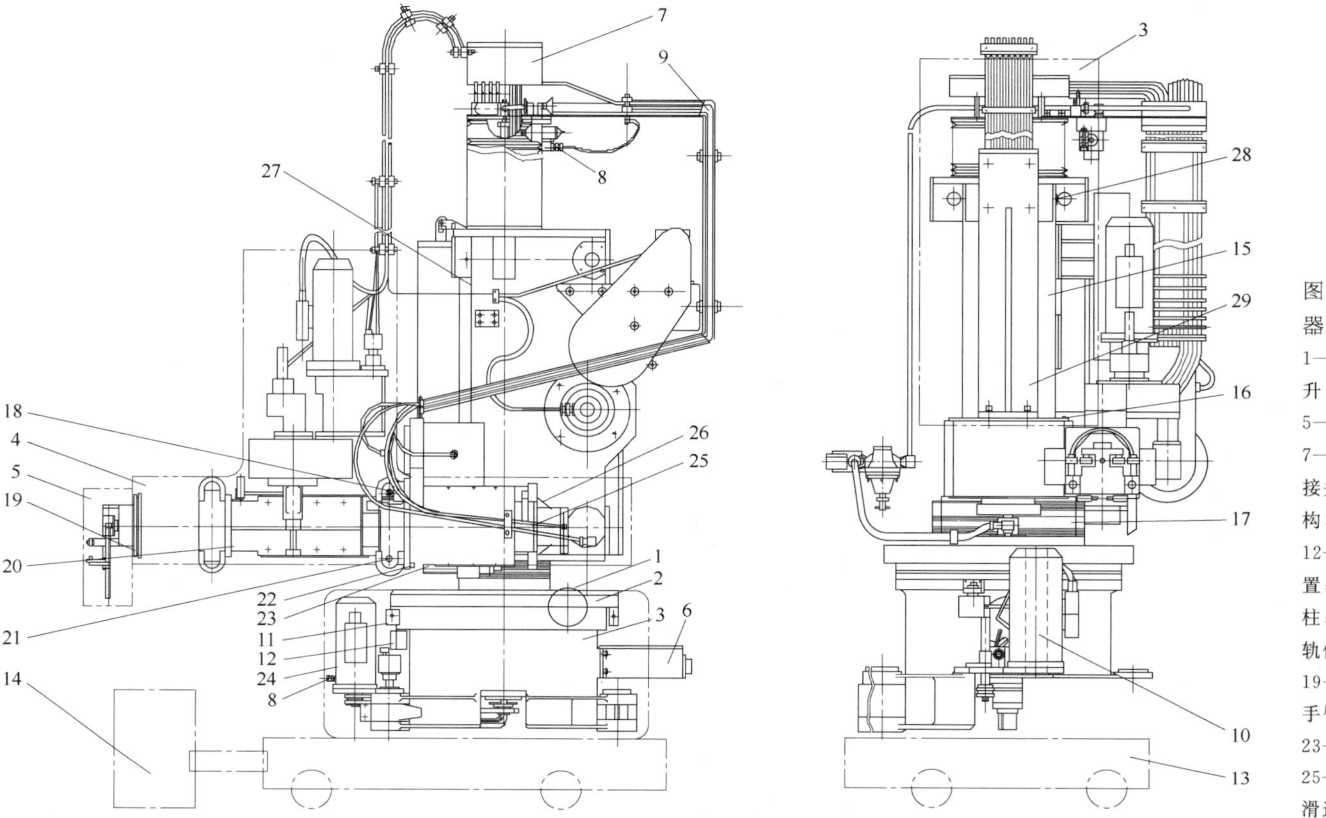

图 5-5 GR 型热冲压用机器人结构

1—基座；2—转动机构；3—升降机构；4—手臂机构；5—夹持器；6—基座接线盒；7—升降机构接线盒；8—管接头；9—软管；10—转动机构输出轴；11—滚动部件；12—限位开关；13—移动装置；14—冷却装置；15—立柱；16—行程开关；17—导轨保护装置；18—滚轮部件；19—套环；20—机体；21—手臂（空心）；22—偏心轴；23—挡块；24—驱动器；25—拉杆；26—杠杆；27—滑道；28—滚轮；29—小车

拾器。当端拾器数量多时，需要共用接口的问题便显现出来，包括机械接口、电气接口及气路接口等。对此，热冲压用机器人结构设计时需要多加考量。

GR 型热冲压机器人是一个综合体，其结构设计如图 5-5 所示。图 5-5 仅示出了 GR-1 型热冲压机器人的主要结构及其主要装配关系。

GR 型热冲压用机器人结构特点：热冲压用机器人结构设计时，应首先考虑热辐射、冷却装置对结构的影响，之后再进行后续的工作。除了操作机的主要结构外，还辅以位置程序装置、电驱动装置、变换器等组件。

手臂机构（部件)安装在转动机构（部件)上方的水平面内，并应该精确地安装在预定角度位置上，该预定角度可以视不同工况决定。而转动部件安装在基座上，该基座视不同的转动部件而结构不同。手臂机构上装有手腕和夹持器；基座接线盒用来连接由控制装置传送来的电缆及电线；升降机构接线盒主要用来将电缆连接到手臂升降和移动的驱动装置上；管接头用来连接由压缩空气存储装置出来的软管。转动机构是用来在水平面内将手臂机构安装在预定位置上，该预定位置可以视不同工况决定。为了使操作机工作时有较大的稳定性，在基座的机体上铰链着附加转动支撑，之后再将转动机构装在基座上。

为了保证机器人操作的安全性，装配时应在机器人的操作空间周围设置护栏、限位等保护装置。为了机器人的冷却，在高温区工作的夹持器和手臂的前面部分设计管接头，并且在升降机构立柱的上部也设置有管接头，这样可以使得冷却水由软管进入手臂机构的内腔。

5.4 数控机床用机器人结构设计

数控机床用工业机器人一般是做辅助性工作的，以配合数控机床完成工作。如装卸产品的机器人，搬运、运输机器人等。

随着社会的进步，企业对于数控机床使用效率、产品质量提出了更高的要求，近几年数控机床行业对于机器人的需求逐渐增多。据了解，传统的数控机床大多使用人工操作，特殊材质的工件或辅助材料，如磨削材料、切削液等，对人体危害非常大；重型、大型工件使用人工或半人工方式上下料存在较大的安全隐患；另一方面，人员素质的不确定性和其劳动状态的不稳定性也会影响最终产品的质量。而数控车床用机器人对于机械加工、无夹具定位工件的自动柔性搬运等工作具有特殊的方便，能使生产线更加简单、易于维护。在此情况下，数控机床迫切需要和机器人进行快速融合的数控机床用机器人。

5.4.1 GJ 型数控机床用机器人特征要求

当前，数控机床已经从传统数控设备使用机器人向单台数控机床与单台机器人结合的方向发展，未来智能化的形式将是多台数控设备与多台机器人进行互联，因而在设计与工艺方面更需考究。

目前国内企业在数控机床用机器人还处于起步阶段，许多理论和实践问题还没有充分认识与解决。最常见的应用形式还是将数控机床与机器人简单地组合在一起，各自使用一套控制系统。如何更好地解决机器人在数控机床中的应用结合问题，成为当前机器人研究者亟须面对的难题。GJ 型数控机床用机器人是用于装备自动化系统，其具有定位式数控装置。GJ 型数控机床用机器人必须具有取下毛坯和零件、更换刀具和作其他辅助操作的特征。

数控机床专用机器人的技术特征主要包括：①额定负载；②自由度数；③沿垂直轴及沿水平轴的最大线位移；④沿垂直轴及沿水平轴的最大线速度范围；⑤手臂相对垂直轴、手腕相对纵轴及手腕相对横轴的角位移速度范围；⑥最大定位误差；⑦夹持器夹紧力；⑧夹紧-松开时间；⑨按外直径表示的被夹持零件尺寸范围及重量等。

5.4.2 GJ 型数控机床用机器人方案制定与设计流程

(1)方案制定

① 明确数控机床用机器人系统构成，制定初步总体方案　GJ 型数控机床机器人应实现在数控机床上更换毛坯的工作循环。该装置应用示教工作方式，并可以工作在多台机床上与堆垛系统和运输装置配合使用，可以在无人操作下长时间的工作。根据工件直径范围的不同需要更换不同的夹持器。

② 确定数控机床用机器人工作环境下线缆及管路的配置　GJ 型数控机床机器人的转动组件分别采用两种结构形式以适应不同工作的需要。一种结构形式可以使手腕相对于纵轴按顺、逆时针方向旋转；另一种结构形式可以使手腕产生加速运动。采用气动装备及配置，如气体分配器、节流阀等对手腕转动、驱动组件进行控制。

③ 数控机床用机器人的建模与设计　GJ 型数控机床机器人建模时针对的对象主要是操作机、转动机构、提升和下降机构、手臂伸缩机构、平衡器、转动组件(手腕)等。另外，该机器人设计时还要考虑的对象包括单独立柜式数控装置及可换夹持器等。

④ 确定总体方案　根据技术特征要求，对上述的结果进行分析、修改、完善，制定出明确的结构总体方案。

(2)设计流程

设计流程的内容包括运动性能、力学特性、机械结构、精度要求、加紧放松参数、验证与修改等。

① 运动性能　制定满足 GJ 型数控机床机器人方案的运动性能与参数，如表 5-8 所示。

表 5-8　运动性能与参数(GJ 型)

运动性能	数值
额定负载/kg	20
自由度数(包括手腕)	5
自由度数(不包括手腕)	3
最大线位移/mm	
沿垂直轴(Z 轴)	500
沿水平轴	(500、800 或 1100)

续表

运动性能	数　值
最大角位移/(°)	
手臂相对垂直轴（Z 轴）	300
手腕相对纵轴	90，+180
手腕相对横轴	±3.5
线位移速度范围/(m/s)	
沿垂直轴（Z 轴）	0.005~0.5
沿水平轴	0.008~1.0
角位移速度范围/[(°)/s]	
手臂相对垂直轴（Z 轴）	60
手臂相对纵轴	60
手臂相对横轴	30

绘制总机、零部件传动链或运动原理简图。

② 力学特性　针对 GJ 型数控机床机器人的设计对象，制定满足其结构的力学特性与参数，如表 5-9 所示。

表 5-9　力学特性与参数（GJ 型）

力学特性	数　值
额定负载/kg	20
夹持器夹紧力/N	500

对 GJ 型数控机床机器人整机及关键零部件还应进行强度、刚度、稳定性等计算。

③ 机械结构　在满足运动性能计算、力学特性分析的前提下进行机械结构设计。机械结构特殊要求如表 5-10 所示。

表 5-10　机械结构特殊要求（GJ 型）

机械结构特	数　值
按外直径表示的被夹持零件尺寸范围/mm	50~268
质量（数控装置以外)/kg	570

④ 精度要求　在机械结构设计时，必须考虑整机及关键零部件的设计、选用与匹配，以满足夹持器精度要求，夹持器精度要求如表 5-11 所示。

表 5-11　精度要求（GJ 型）

夹持器定位精度	数　值
夹持器定位误差/mm	±1

⑤ 夹紧放松参数　必须考虑手臂夹持加工零件的时间以及将毛坯松开的时间，其夹紧放松参数如表 5-12 所示。

表5-12 夹紧放松参数（GJ型）

技术特征	数　值
夹紧-松开时间/s	2

⑥ 验证与修改　验证运动性能、力学特性及精度要求，修改机械结构，直至满足GJ型数控机床机器人特征要求。

5.4.3 GJ型数控机床用机器人运动原理

GJ型数控机床机器人的运动原理如图5-6所示。该机器人的工作过程可以看做是它在数控机床上更换毛坯的工作循环过程。

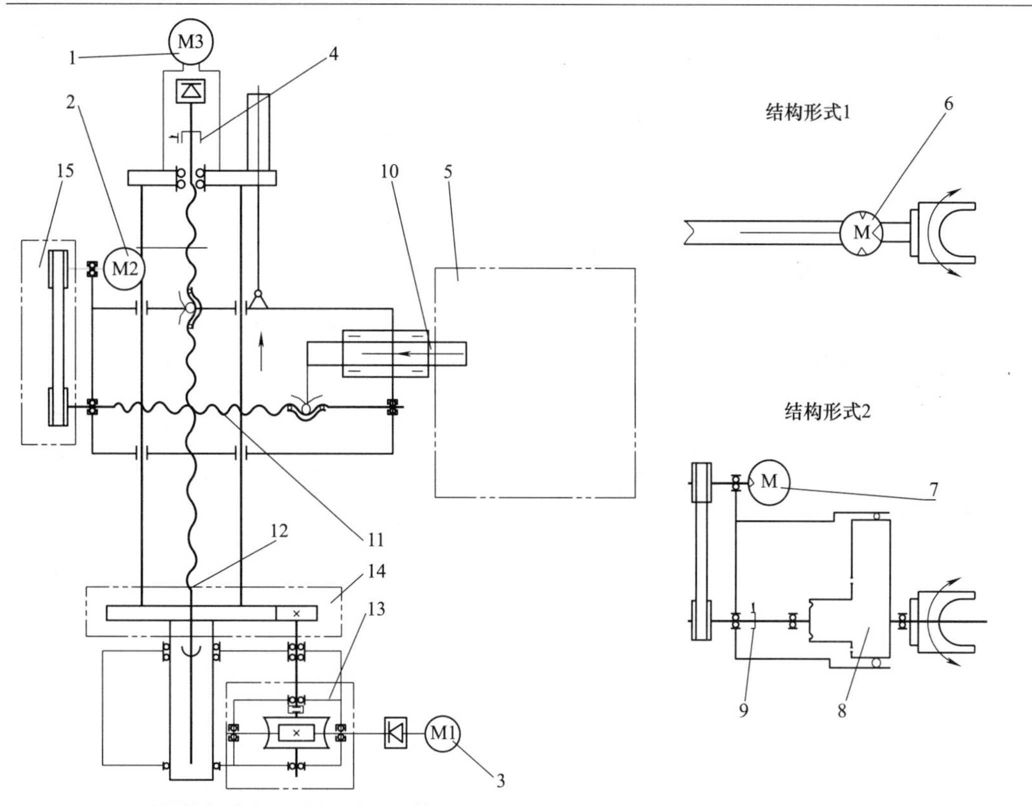

图5-6 GJ型数控机床机器人运动原理简图

1～3，6，7—电动机；4—电磁制动器；5—转动组件；8—谐波齿轮减速器；9—电磁制动器；10—手臂，11，12—丝杠；13—蜗杆-蜗轮传动；14—齿轮传动；15—齿式带传动

GJ型数控机床用机器人的运动要求包括：采用定位式数控装置并设置圆柱坐标系，保证在圆柱坐标系中手臂位移、手腕的运动循环控制、夹持器的夹紧和松开。同时，数控装置也传递机床、其他工艺装备工作的循环启动指令，接受这些工作循环后的再回答指令。工业机器人应用示教的工作方式，如回零点、手控等，沿每一坐标轴的步进位移，执行坐标给定值、位移速度、被加工零件数量等操作。

GJ型数控机床机器人的工作过程如下。

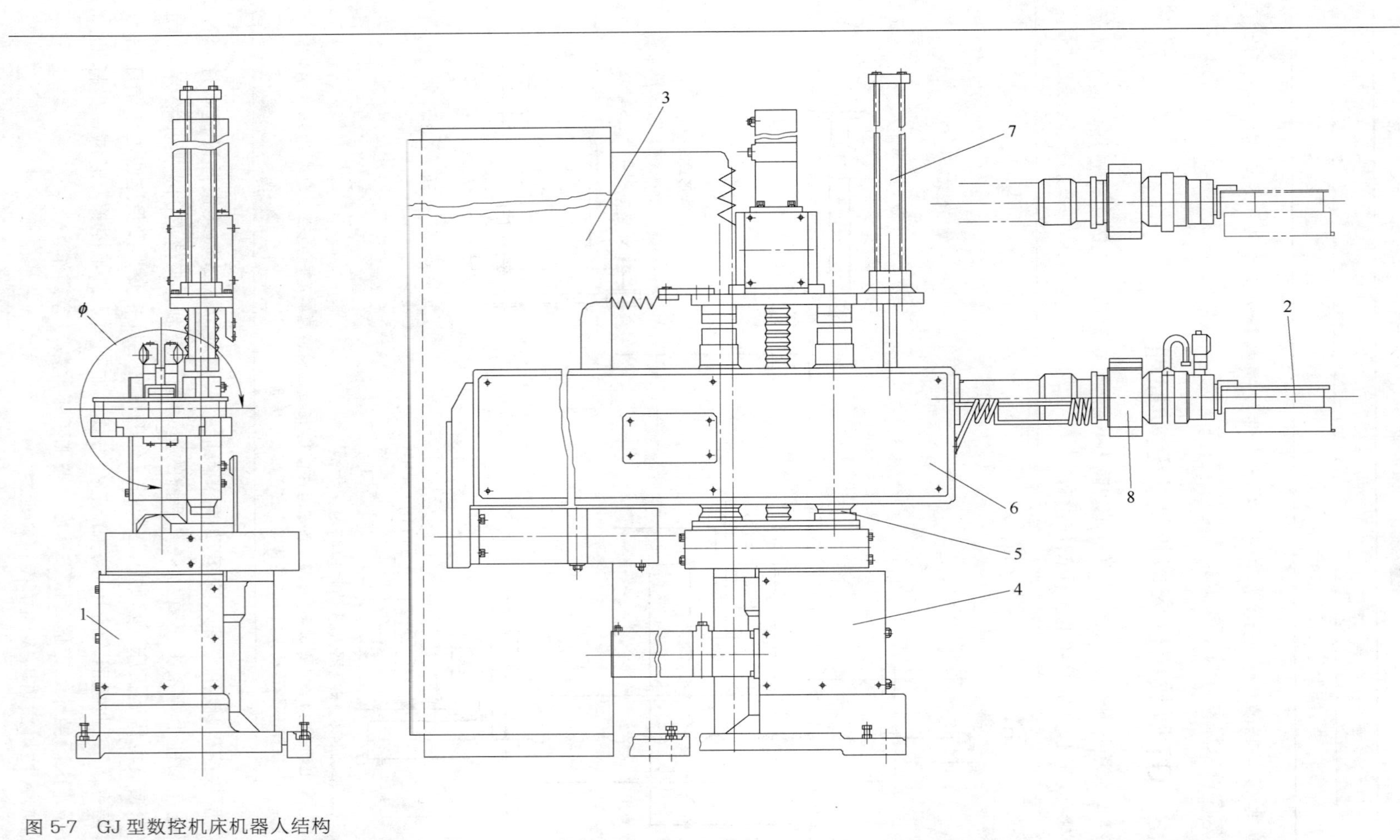

图 5-7　GJ 型数控机床机器人结构

1—操作机；2—可换夹持器；3—单独立柜式的数控装置；4—转动机构；5—提升和下降机构；6—手臂伸缩机构；7—平衡器；8—转动组件（手腕）；φ—转动角

工作时，GJ 型数控机床机器人的手臂伸向机床→手臂夹持加工零件→手臂返回原点→手臂伸向循环台面→放下零件→夹持下一个毛坯→将毛坯送向机床卡盘→将其在卡盘中夹紧→将毛坯松开→手臂返回原点→开始在机床上的加工循环。

图 5-6 中，手腕转动组件包括两种结构形式，采用不同的气动装置对手腕转动、驱动组件进行控制，以适应不同工作的需要。

5.4.4 GJ 型数控机床用机器人结构设计

GJ 型数控机床机器人由操作机、可换夹持器和单独立柜式的数控装置组成，结构如图 5-7 所示。

该机器人的其他结构还包括：转动机构，提升和下降机构，手臂伸缩机构，平衡器，手腕转动组件及空气储存组件等。

GJ 型数控机床用机器人的结构特点：

① 转动机构在水平面内转动，可以做成单独组件的形式。

② 手臂升降机构也可以做成单独组件的形式。

③ 手腕在垂直面内转动，其转动可以依靠气动装置驱动组件来实现。

由于①、②的结构形式简洁、方便，可以提高机器人的设计效率和质量。

GJ 型数控机床机器人控制的最大位移量位置应该在定位工作状态，如转动电动机、手臂升降或伸出；或者是循环工作状态，如气动装置带动手腕和夹持器转动的时刻。

5.5 装配用机器人结构设计

装配是产品生产的后续工序，在制造业中占有重要地位，在人力、物力、财力消耗中占有很大比例。装配用机器人是用于装配生产线上，对零件或部件进行装配作业的工业机器人，它是集光学、机械、微电子、自动控制和通信技术于一体的产品，具有很高的功能和附加值。当机器人精度高与作业稳定性好时，可用于精益工业生产过程。但是装配用机器人尚存在一些亟待解决的问题，如装配操作本身比焊接、喷涂、搬运等工作复杂，而且，装配环境要求高，装配效率低，缺乏感知与自适应的控制能力，难以完成变动环境中的复杂装配，对于机器人的精度要求较高，否则经常出现装不上或“卡死”现象。

装配用机器人因适应的环境不同，可以分为普及型装配机器人和精密型装配机器人。目前，我国在装配用机器人方面有了很大的进步，基本掌握了机构设计制造技术，解决了控制、驱动系统设计和配置、软件设计和编制等关键技术，还掌握了自动化装配线及其周边配套设备的全线自动通信、协调控制技术，在基础元器件方面，谐波减速器、六轴力传感器、运动控制器等也有了突破。

装配用机器人的研究正朝着智能化和多样化的方向发展。如装配用机器人操作机从结构上探索新的高强度轻质材料，以进一步提高负载/自重比，同时机构进一步向着模块化、可重构方向发展；采用高扭矩低速电机直接驱动以减小关节惯性，实现高速、精密、大负载及高可靠性。装配用多机器人之间的协作，同一机器人双臂的协作，甚至人与机器人的协作，这些协作要求机器顺利实现对于重型或精密装配任务非常重要。

5.5.1 GZ-Ⅱ型装配用机器人特征要求

GZ-Ⅱ型装配用机器人主要用于组成柔性自动化系统的数控金属切削机床等工艺装备上。

GZ-Ⅱ型装配操作机器人的特征要求主要包括：机器人手臂可根据工艺需要配备不同的工装，以满足生产线多批次、小批量的多样化生产要求，只需要简单地编程及工装更换即可实现快速切换。当机器人结构装配多种可换手时，可以增加其通用性。

GZ-Ⅱ型装配用操作机器人的技术特征要求主要包括：①承载能力（kg)；②自由度数（个)；③最大位移：小车沿单轨，手臂在垂直方向，手臂转动（摆动)，手腕转动（摆动)，手腕相对纵轴转动；④小车位移最大速度：手臂在垂直方向，手腕及手转动；⑤定位精度；⑥重量等。

5.5.2 GZ-Ⅱ型装配用机器人方案制定与设计流程

（1)方案制定

① 明确装配生产与工艺流程，制定初步总体方案　机器人进行装配作业时，除机器人的本体、手爪、传感器外，零件供给器和工件输送装置也至为重要。从安装占地面积的角度考虑，它们往往比机器人本体所占的比例还大。这些周边设备常用数控装置柜控制，此外，一般还要有台架和安全栏等设备。

② 确定装配用机器人工作环境下周边设备及管路的配置　该机器人布置时，在考虑机器人液压系统配置的同时，还应考虑其周边设备对其工作的影响，如电器自动机、数控装置柜、安全栏等。

目前，某些装配用机器人，还需要配置零件供给装置及输送装置等。

零件供给装置主要有给料器和托盘等。给料器的作用是用振动机构或回转机构把零件整齐排齐，并逐个送到指定位置。托盘的作用是容纳大零件或者容易磕碰划伤的零件。对于大零件或者容易磕碰划伤的零件，加工完毕后一般应放在托盘的容器中运输，托盘装置能按照一定精度要求把零件放在给定的位置，然后再由机器人一个一个取出。在机器人装配线上，输送装置承担把工件搬运到各作业地点的任务，输送装置以传送带较多。输送装置的技术问题是停止精度、停止时的冲击和减速振动问题；减速器可用来吸收冲击能。

③ 装配用机器人的建模与设计　GZ-Ⅱ型装配用操作机器人建模时针对的对象主要是门架、可移动小车、滑板部件、手臂部件、手腕部件、夹持器等。该机器人设计时还要考虑双臂的连杆形式。

④ 确定总体方案　对上述结果进行分析、修改、完善后，制定出明确的结构总体方案。

（2)设计流程

设计流程的内容包括运动性能、力学特性、机械结构、精度要求、装配特殊要求及验证与修改等。

① 运动性能　制定满足 GZ-Ⅱ型装配用操作机器人装配方案的运动性能与参数，其性能参数如表 5-13 所示。

表 5-13　运动性能与参数（GZ-Ⅱ型）

运动性能	数值
自由度数	5
最大位移： 小车沿导轨/mm 手臂在垂直方向/mm 手臂转动（摆动）/（°） 手腕转动（摆动）/（°） 手腕相对纵轴转动/（°）	 10800 420 100 90 90，180
小车位移最大速度/（m/s） 手臂在垂直方向/（m/s） 手腕及手转动/［（°）/s］	0.8 0.8 90

绘制总机、零部件传动链或运动原理简图。

② 力学特性　针对 GZ-Ⅱ型装配操作机器人装配的设计对象，制定满足其结构的力学特性与参数，其参数如表 5-14 所示。

表 5-14　力学特性与参数（GZ-Ⅱ型）

力学特性	数值
承载能力/kg	40

对装配用机器人整机及关键零部件还应进行强度、刚度、稳定性等计算。

③ 机械结构　在满足运动性能计算、力学特性分析的前提下进行机械结构设计。机械结构特殊要求如表 5-15 所示。

表 5-15　机械结构特殊要求（GZ-Ⅱ型）

机械结构特性	数值
操作机手臂/个	2
质量（除数控装置外）/kg	3000

④ 精度要求　装配用机器人经常使用的传感器有视觉传感器、触觉传感器、接近觉传感器和力传感器等。视觉传感器主要用于零件或工件的位置补偿、零件的判别与确认等。触觉和接近觉传感器一般固定在指端，用来补偿零件或工件的位置误差，防止碰撞等。在 GZ-Ⅱ型装配用操作机器人机械结构设计时，必须考虑整机与关键部件的设计、选用与匹配问题，以满足夹持器精度要求，夹持器精度要求如表 5-16 所示。

表 5-16 精度要求（GZ-Ⅱ型）

夹持器定位精度	数　值
夹持器定位误差/mm	±1

⑤ 装配特殊要求　装配特殊要求如装配力控制、视觉功能等。

如某些机器人在进行零部件装配过程中对转矩有要求，用于以消除零件卡死和损坏的风险，属于装配力控制。

视觉功能要求指的是引导机器人正确识别和抓取工件，传送到精确装配位置。

⑥ 验证与修改　验证运动性能、力学特性、精度要求及装配特殊要求等，直至满足GZ-Ⅱ型装配操作机器人特征要求。

5.5.3 GZ-Ⅱ型装配用机器人运动原理

GZ-Ⅱ型装配用工业机器人的运动原理如图 5-8 所示，其运动是通过电液控制来实现的。

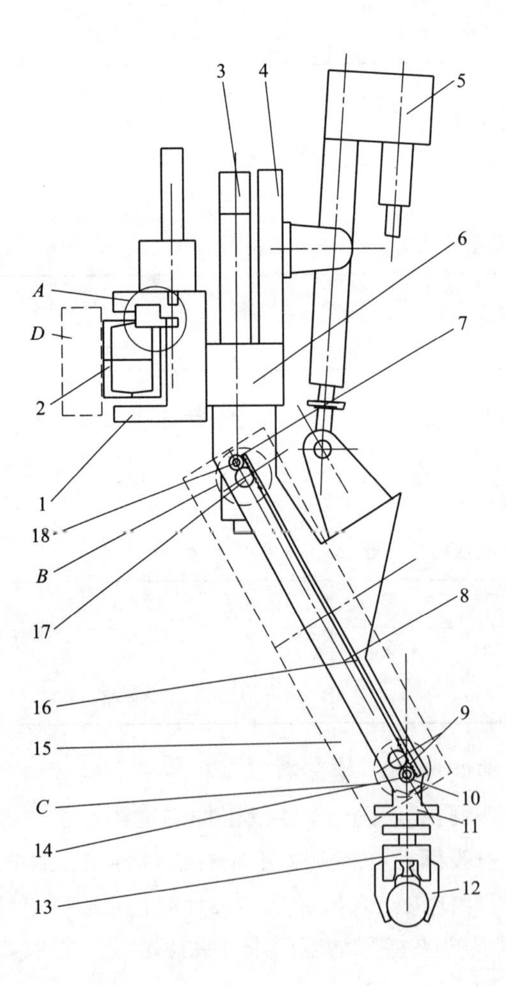

图 5-8　GZ-Ⅱ型装配操作机器人运动原理

1—小车；2—导轨；3—电液步进式驱动装置连杆；4—滑板部件；5—线性电液步进式驱动装置；6—滑板机体；7—上铰链齿轮；8—手臂部件；9—齿条；10—下铰链齿轮；11—手腕；12—夹持器；13—液压缸；14—手腕转动轴；15—专用平移机构；16—手臂肩部；17—手臂摆动轴；18—下端轴；A—电液步进式驱动装置；B—上铰链；C—下铰链；D—门架

GZ-Ⅱ型装配操作机器人的运动要求包括：小车沿门架导轨的移动，手臂的摆动及在垂直方向运动，手腕的摆动及相对于纵轴的转动。手臂摆动用线性电液步进驱动装置，驱动装置有步进电动机、随动分配器和液压缸组成，其中液压缸活塞杆内装有位置反馈螺旋机构。

GZ-Ⅱ型装配操作机器人的运动原理分析：

图5-8中，A表示电液步进式驱动控制，它控制小车的纵向移动，即小车沿着门架的导轨做纵向移动。电液步进式驱动控制通过步进电机、液压马达及齿轮减速器形成运动传动链。在小车上固定着滑板部件的机体，其机体中连接着摆动支承；滑板组件在垂直方向的移动是通过该摆动支承来实现的。

在小车上固定着滑板部件的机体，其机体中连接有摆动支承；此时摆动支承上的滑板在做垂直方向的移动。同时，滑板部件也与线性电液步进式驱动装置的连杆相连接。

线性电液步进式驱动装置被铰接在滑板部件的支架上。在滑板的下端轴上安装有手臂，该手臂可以实现相对于此下端轴的摆动运动；此摆动运动是通过线性电液步进式驱动装置来实现的，在该线性电液步进式驱动装置中，液压缸的活塞杆与手臂肩部通过铰接相连。

对手臂而言，在手臂部件中存在着一个长杠杆，该长杠杆的下端铰接着手腕部，即头部，在手腕部上安装着夹持机构。

为了保证手臂摆动时其手腕在空间位置的固定性，可以采用专用平移机构，该专用平移机构主要由齿轮齿条机构，上、下铰链传动机构构成，并且上铰链的齿轮安装在手臂摆动轴上，而下铰链的齿轮安装在手腕转动轴上。若上铰链连接的齿轮保持不动，则在手臂摆动时手腕的连接轴也将保持在空间的固定位置。

这种带有齿轮齿条的专用平移机构还可以用在垂直平面中手腕摆动的驱动装置中。另外，手腕的转动则由随动阀控制。

夹持器钳口是由液压缸驱动装置进行驱动，此时，液压缸的活塞杆与夹持器夹紧机构的拉杆相连接。

5.5.4 GZ-Ⅱ型装配用机器人结构设计

装配用机器人按照臂部的运动形式不同，可以分为直角坐标型装配机器人、垂直多关节型装配机器人和平面关节型装配机器人。

直角坐标型装配机器人，其结构在目前的产业机器人中是最简单的。它操作简便，被用于零部件的移送、简单的插入、旋拧等作业中。在机构上，大部分装备了球形螺钉和伺服电动机，具有可自动编程、速度快、精度高等特点。

垂直多关节型装配机器人，结构式上大多具有6个及以上自由度，可以在空间上的任意点确定任意位姿。这种类型的机器人所面向的是在三维空间的任意位置和姿势的作业。

另外，还有平面关节型装配机器人，多用于自动装配、搬运、调试等工作，适合于工厂柔性自动化生产的需求。

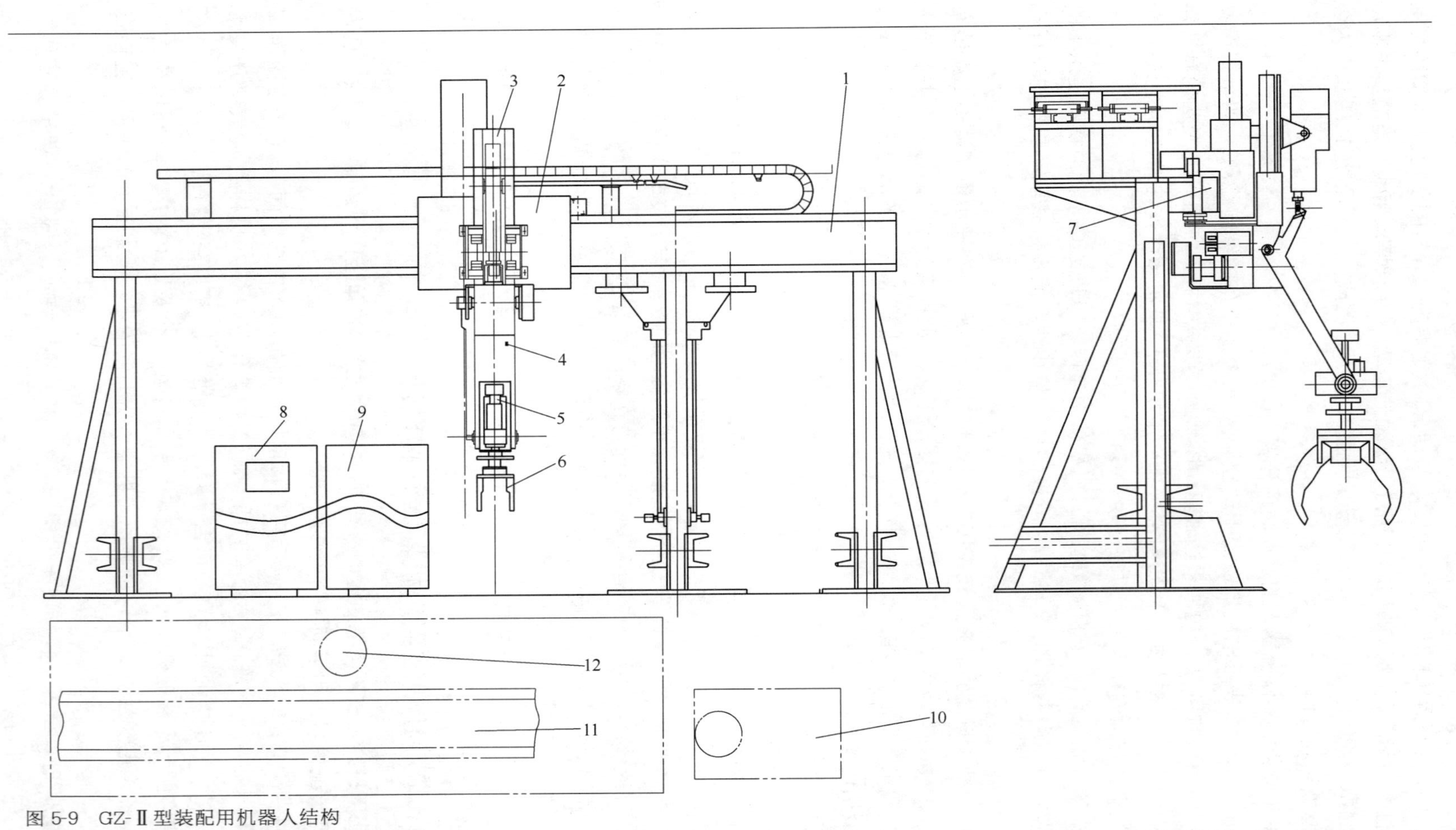

图 5-9　GZ-Ⅱ型装配用机器人结构

1—门架；2—可移动小车；3—滑板部件（手臂垂直伸缩机构）；4—手臂；5—手腕（头部）；6—夹持器；7—导轨；8—电器自动机；9—数控装置柜；10—液压站；11—输送装置；12—零件供给器

GZ-Ⅱ型装配用机器人的结构如图 5-9 所示。 除了门架、 可移动小车、 滑板部件（手臂垂直伸缩机构）、 手臂、 手腕（头部）、 夹持器及导轨等机器人基本结构外， 还包括电器自动机、 数控装置柜及机器人周边配置的零件供给器、 输送装置、台架和安全栏等。

GZ-Ⅱ型装配用机器人结构特点：

GZ-Ⅱ型装配用机器人采用液压站传递多种动力。 液压站的主要功能是供给位移电液步进式驱动装置及夹紧机构驱动装置所需要的动力。 如位移电液步进式驱动装置可以供应小车、 滑板部件和机器人手臂； 夹紧机构驱动装置可以供应手腕转动、 摆动机构和夹持器夹紧等。 同时， 液压站能够在主干线恒压下使进入液压系统的耗油量的变化来调整可调泵的供给量。 液压站还进行油的冷却， 并能防止在断路状态下液压系统中漏油。 小车驱动装置由液压马达和成套电液步进驱动装置组成。

GZ-Ⅱ型装配用机器人的控制装置是由数控装置柜及电器自动机组成。 该数控装置是具有定位式的数控装置， 可以使得机器人能够按照预定程序实现沿三个坐标轴方向的位移； 能够完成大量的控制机器人本身的工作循环指令， 并且完成看管其他工艺装备的工作循环指令。 另外， 操作机杆件的驱动装置为液压式。

该工业机器人的操作机设计成可移动式结构， 并且有门架结构， 该结构设计使得操作机能够在一系列卧式金属切削机床上工作。

在门架上装有可移动的小车， 该小车可以支撑手臂的垂直伸缩机构， 即滑板；另一方面， 小车也沿着固定在门架上的导轨实现移动。

操作机的手臂做成双臂连杆形式， 双臂连杆的上端铰接在滑板上， 并可以在垂直平面内做摆动运动； 而手臂的下端则铰接在带夹持器的手腕（头部）上。 手腕可以相对水平轴转动（摆动）， 此水平轴通过连接铰链并将手腕固定在手臂上， 手腕还可以绕自身的轴线实现旋转， 但旋转角度有限制。

5.6 模块化工业机器人结构设计

模块化机器人是由多个具有一定功能、 结构及自制能力的可互换的模块组成。 其具有以下特点。

① 通过不同的组建方式， 可以搭建出具有不同功能、 适合不同应用场合的机器人， 即功能多样化。

② 可根据自身实际应用选购合适的功能模块， 有针对性地搭建所需要的机器人系统， 即实用性强。

③ 可通过新增模块来扩展原有系统， 避免初期投入的盲目性及保证机器人系统功能的可扩展性， 即扩展性强。

模块化机器人结构设计是将一个复杂的系统进行分解， 拆分成若干个独立的模块，即将各种互相耦合在一起的因素分开， 将多因素控制降阶为单元素控制。 这种分解过程， 也是一种创造性过程， 是模块化机器人结构设计的一个关键步骤。之后， 将分解的模块再经过优化组合， 特别是通过控制模块、 伺服模块和执行模块的耦合成为一个系统，这又是一个关键步骤，称为集成。集成也称为一种创造性过程。模块化工业机器人结构设计的研究正是基于模块基础上的有机集成和集成基础上的模块分解。

对于从模块化到标准化设计的实现，国际上许多国家正在进行中。我国也在模块化设计中实现了局部标准化。如某些企业沿用德国的解决方案模式，对系统集成采取模块化的设计，把典型的机器人系统的工艺总结出标准产品。基于局部标准化的前提下，像搭积木一样为客户提供解决方案。在产品成本、提供解决方案的效率和系统方案的可靠性上有很大的优势。随着敏捷制造时代的到来，模块化设计会越来越显示出其独到的优越性。

5.6.1 GS 型模块化工业机器人特征要求

模块化机器人更多的是应用线形执行结构及齿轮减速器机构，使得机器人动作程序简单，控制更精准。

GS 型机器人的特征要求主要包括：该机器人用在数控车床、六角车床等设备上以完成装卸料操作。主要用于毛坯和零件的存取工作，将毛坯和零件按定向形式放置在辅助附属设备中，如轴按照水平方向放置。

装配用机器人的技术特征主要包括：①承载能力（kg）；②自由度数（个）；③最大位移，包括小车沿水平轴、滑板沿垂直轴、手腕（头）相对于水平轴摆动及带夹持器头相对纵轴转动等；④最大位移速度，包括小车、滑板、手腕（头）摆动及带夹持器头转动等；⑤定位精度（mm）；⑥夹持器数；⑦换夹持器的时间；⑧所运送毛坯（如法兰盘）的最大尺寸 [如直径、长度及重量（控制装置除外）] 等。

5.6.2 GS 型模块化工业机器人方案制定与设计流程

（1）方案制定

① 明确 GS 型模块化工业机器人生产与工艺流程，制定初步总体方案　模块化工业机器人是以功能模块有机集成为前提的模块组合，将各功能模块有机集成到一个系统中去，完成功能模块的整体集成，最终形成组合式工业机器人系统。机器人实现集合性、相关性、整体性、目的性及环境适应性。

在许多国家，模块化工业机器人的夹持机构按其特性和连接尺寸的特点已标准化。对此在方案制定时应予以考虑。为了支持工作范围的变化，在设计初始阶段应考虑基座、手臂固定位置的变化。

GS 型模块化工业机器人用于轴类零件，可以采用双夹持器结构，应具有内装气缸转动 90° 角的驱动装置。当零件为短旋转体（法兰型）时，其直径范围为 40～60mm，高度最大为 100mm。

小车的驱动方式是机电式，而手臂垂直位移驱动装置、摆动驱动装置以及夹持器的驱动装置都是气动式。

② 确定 GS 型模块化工业机器人工作环境下线缆及管路的配置　在此主要是指 GS 型模块化工业机器人气动系统的配置与控制。

气动系统控制包括：手腕转动的控制；手腕转动 90°处位置的控制；手臂的垂直位移；手臂的安全固定；手臂垂直位移的大小；手臂在平面内绕着轴的转动等。因此，气动系统控制包括多个气缸。

③ GS 型模块化工业机器人的建模与设计　GS 型模块化工业机器人建模时针对的对象主要是小车、门架、装料手、卸料手、手臂垂直位移驱动装置、摆动驱动装置、可换夹持装置驱动装置及承载系统等。另外，该机器人设计时还要考虑的对象包括转动板块、转动手腕（心轴）等。根据技术特征要求，完成结构方案与布局。

④ 确定总体方案　对上述结果进行分析、修改、完善后，制定出明确的总体方案。

（2）设计流程

设计流程的内容包括运动性能、力学特性、机械结构、精度要求、验证与修改等。

① 运动性能　制定满足 GS 型模块化工业机器人方案的运动性能与参数，其参数如表 5-17 所示。

表 5-17　运动性能与参数（GS 型）

运动性能	数值
自由度数	9
小车最大水平行程/mm	3500
小车最大垂直行程/mm	630
手臂转角(摆动)/(°)	30
手腕(短轴)转角/(°)	90,180
夹持器转角/(°)	90
最大位移：	
小车沿单轨/mm	10800
手臂在垂直方向/mm	420
手臂转动(摆动)/(°)	100
手腕转动(摆动)/(°)	90
手腕相对纵轴转动/(°)	90,180
线位移最高速度/m/s	
小车	1.2
手臂	0.5
最大角位移速度/[(°)/s]	
手腕部(短轴)转动	90
手腕摆动	90
夹持器转动	90

绘制总机、零部件传动链或运动原理简图。

② 力学特性　针对 GS 型模块化工业机器人的设计对象，制定满足其结构的力学特性与参数，其参数如表 5-18 所示。

表 5-18　力学特性与参数（GS 型）

力学特性	数值
承载能力/kg	10×2

对 GS 型模块化工业机器人整机及关键零部件还应进行强度、刚度、稳定性等计算。

③ 机械结构　在满足运动性能计算、力学特性分析的前提下进行机械结构设计。机械结构特殊要求如表 5-19 所示。

表 5-19　机械结构特殊要求（GS 型）

机械结构特性	数　值
质量(包含控制装置外)/kg	1450

④ 精度要求　在机械结构设计时，必须考虑整机与关键部件的设计、选用与匹配，以满足夹持器精度要求，夹持器精度要求如表 5-20 所示。

表 5-20　精度要求(GS 型)

夹持器定位精度	数　值
夹持器定位误差/mm	±1

⑤ 验证与修改　验证运动性能、力学特性及精度要求，修改机械结构，直至满足 GS 型模块化工业机器人特征要求。

5.6.3　GS 型模块化工业机器人运动原理

在进行工业机器人组合式模块化结构设计时，首先需要对机器人的配置方式进行运动分析。

① 机器人基本动作可以分解为体升降、臂伸缩、体旋转、臂旋转、腕旋转等。

② 机器人基本运动形式可分为直线运动和旋转运动两类。因此在设计机器人时，可以充分利用能够实现直线运动和旋转运动的通用部件来进行功能组合，如气、液、电等的组合，也就是说，可以将经过合理选择的通用部件作为模块来进行集成。这些部件可以作为一个独立的基本模块，也可以将几个部件组合为一个复合模块。显然，配置方式应根据产品最终实现的功能要求来确定。

GS 型模块化工业机器人的运动原理如图 5-10 所示。该机器人主要部件的运动是通过电-气动控制的。

GS 型模块化工业机器人的运动要求及原理：

① 小车沿着单轨做水平方向的移动，该小车的移动运动是由直流电动机驱动、经齿轮减速器传递运动到小车而实现的，即通过安装在该减速器输出轴上的齿轮与固定在单轨上的齿轮相啮合，以实现小车沿单轨的水平方向移动。另外，在该减速器输出轴相反的一端安装有电磁制动器，该电磁制动器可以使得小车在给定的位置实现固定，即小车可以在任意位置停车。

② 在转动平板的基座上安装有气缸 Q6，该基座与该气缸间铰接。当该气缸的活塞杆运动时，转动平板及手臂均相对于垂线倾斜一定的角度，此时可以实现手臂转角的运动，即手臂在 XOZ 平面内绕着 Z 轴的转动。

③ 手臂可以在手臂壳体中的滚柱上移动，即沿着 Z 方向移动。气缸 Q2 上的活塞

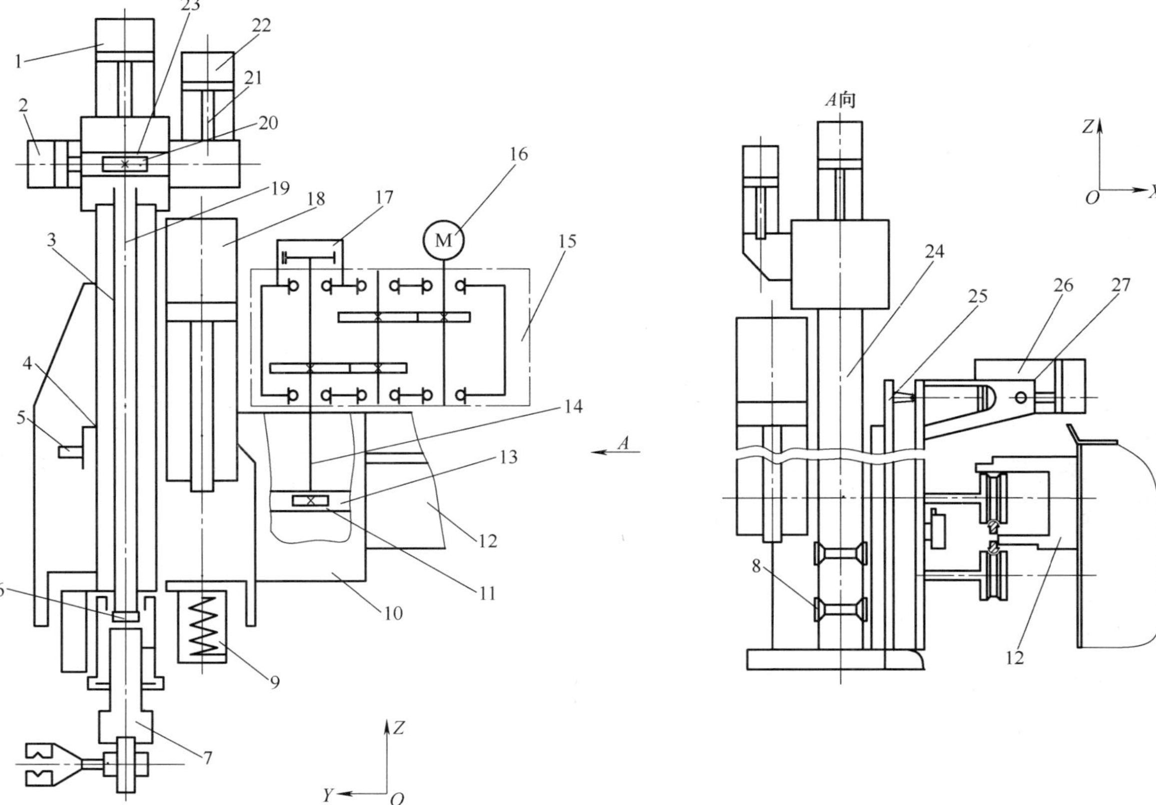

图 5-10　GS 型模块化工业机器人运动原理

1—驱动气缸 Q1；2—气缸 Q2；3—臂管；4—定位销；5—气缸 Q4；6—转动手腕（心轴）7—可换夹持装置；8—滚柱；9—弹簧；10—小车；11—减速器输出轴上齿轮；12—单轨；13—固定在单轨上的齿轮；14—减速器输出轴；15—齿轮减速器；16—直流电动机；17—电磁制动器；18—气缸 Q3；19—挺杆；20—手臂杆齿轮；21—伸缩挡块；22—气缸 Q5；23—齿条；24—手臂；25—转动平板；26—气缸 Q6；27—转动平板的基座

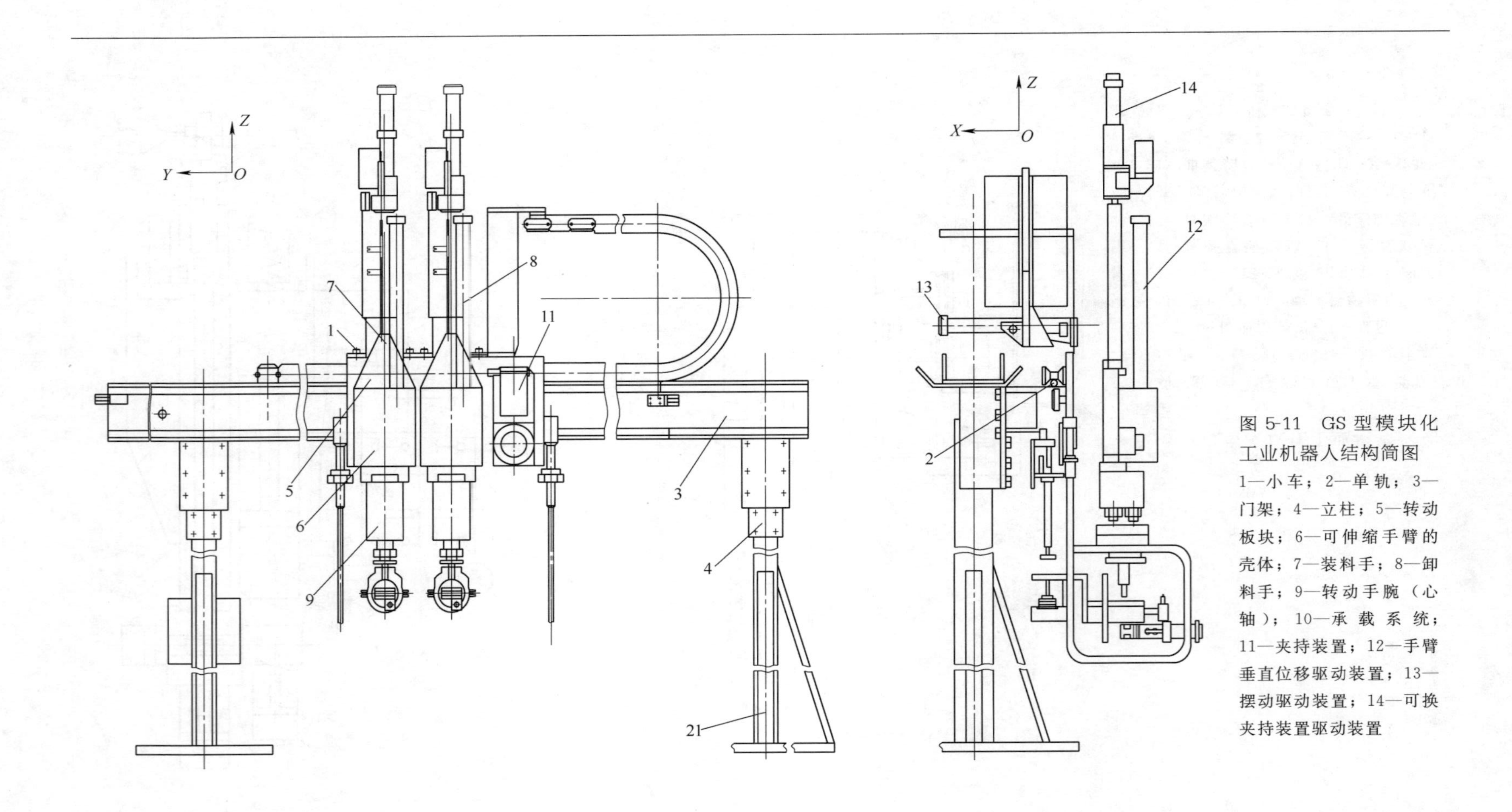

图 5-11 GS 型模块化工业机器人结构简图

1—小车；2—单轨；3—门架；4—立柱；5—转动板块；6—可伸缩手臂的壳体；7—装料手；8—卸料手；9—转动手腕（心轴）；10—承载系统；11—夹持装置；12—手臂垂直位移驱动装置；13—摆动驱动装置；14—可换夹持装置驱动装置

杆上固结着齿条；臂管上刚性连接着手臂杆齿轮。手腕(心轴)的转动由气缸 Q2 驱动实现；气缸 Q2 通过齿条带动手臂杆齿轮转动，即实现气缸 Q2 控制手腕的转动。当心轴转动 90° 时，由气缸 Q5 所驱动的伸缩挡块来确定齿条的中间位置，即气缸 Q5 控制着手腕转动 90° 处的位置。

④ 可换夹持装置通过气缸 Q1 驱动。挺杆穿过臂管的内部，并与气缸 Q1 的活塞杆相连。气缸 Q3 的活塞杆通过弹簧与手臂相连，即手臂的垂直位移是通过气缸 Q3 来实现。此时，该气缸驱动手臂持续运动，直至毛坯(或零件)进入夹持器并且碰到夹持器的挡块为止而停止运动，即气缸 Q1 控制着手臂垂直位移的大小。当气缸 Q1 中没有压力时，气缸 Q4 打开定位销，此时手臂被定位销固定，即气缸 Q4 控制着手臂的安全固定。

5.6.4 GS 型模块化工业机器人结构设计

针对 GS 型模块化工业机器人进行功能分析，划分出子功能并设计出一系列通用功能模块，之后对这些模块进行选择和组合配置，得出功能相似、性能相近的机器人。在工业机器人设计中，采用组合式、模块化设计思路可以很好地解决产品品种、规格与设计制造周期和生产成本之间的矛盾。工业机器人的组合式模块化设计也为机器人产品快速更新换代、提高产品质量、方便维修、增强竞争力提供了条件。

GS 型模块化工业机器人结构设计如图 5-11 所示。除了小车、单轨、门架、立柱、转动板块、伸缩手臂、转动手腕、夹持装置外，还包括两个手臂、驱动装置、承载系统等。

GS 型模块化工业机器人结构特点：

GS 型模块化工业机器人的控制由数控装置来实现。小车的驱动方式为机电式，而手臂垂直位移驱动装置、摆动驱动装置以及夹持器驱动装置都是气动式。

该机器人设计有门架式的结构。小车沿固定在门架上的单轨运动，门架装在立柱上，而机器人的承载系统是具有加强筋的焊接结构。

在小车上装有两个转动板块，每一个板块上均固定有可伸缩手臂的壳体。

该机器人有两只手臂，即装料手臂和卸料手臂，它们的结构相同；操作机手臂部件做成空心套形式。两个手臂的设计要求具有高强度、轻重量，不仅使手臂动作更加灵活，同时也降低了能源损耗。考虑到双臂同时操作的工况，则应使两臂的布置尽量对称于门框的中心，以达到平衡。

对于小车上的转动板块，其基座是用螺钉固定在小车上，并且，基座能沿垂线有一定范围的调整位移。每只手臂的壳体还能沿水平轴有一定范围的调整位移。基座沿垂线的调整位移及手臂沿水平轴的调整位移在设计的初始阶段给定。

装料手臂和卸料手臂的下部均安装有转动手腕(心轴)。在转动手腕(心轴)中固定有夹持装置。

第6章 工业机器人零部件结构设计

本章主要针对转动机构、升降机构、手臂机构、手腕机构、夹持机构等工业机器人中典型机构或部件的结构设计问题进行阐述。主要论述这些机构或部件在结构设计中所存在的共性问题并提出相应的原则性解决方案，主要涉及机器人零部件的刚度设计、强度校核、寿命校核及优化设计等基础问题。

(1)机器人刚度设计

对于工业机器人操作机来说，大多为串联型多关节结构。在这种情况下，机器人操作机是一个多关节、多自由度的复杂机械装置，无论它处在静止状态还是在运动中，如果受到外力的作用，它的执行器坐标原点便会产生一个小的位移偏差，偏差量的大小不仅与外力的大小、方向和作用点有关，而且还与执行机构末端所处的位置和姿态有关，这便是机器人的刚度。串联机器人的结构较弱、刚度较小等问题成为影响其末端定位精度及加工动态性能的首要因素。

一般来说，机器人结构的刚度比强度更为重要，若机器人结构轻、刚度大，则其重复定位精度高。因此提高机器人的刚度非常重要。如悬臂尽量短，拉伸压缩轴用实心轴，扭转轴用空心轴，并控制其连接间隙；采用矩形截面的小臂结构设计，保障了更高的抗拉、抗扭、抗弯曲性能。

(2)机器人机械强度校核

根据负载求解时，强度一般都没有问题，主要是看刚度数据，根据变形数据分析，若变形量大于设计要求，定位精度才会出现问题，因此机器人结构设计时一般进行的是机械强度校核。

手臂机构是机器人重要承载部分，应进行机械强度校核。设计中遇到的定位单元、梁都应进行校核，尤其双端支撑梁和悬臂梁。

① 挠度变形计算　该项计算涉及的参数有负载、定位单元长度、材料弹性模量、材料截面惯性矩及挠度形变。应注意的是：在计算静态形变的挠度形变时，梁的自重产生的变形不能忽视，梁的自重按均布载荷计算。

实际应用中，因为机器人一直处于变速运动状态，还必须考虑计算由于加速、减速产生的惯性力所产生的形变，因为这种形变也直接影响机器人的运行精度。

② 扭转形变计算　当一根梁的一端固定，另一端施加一个绕轴扭矩后，将产生扭曲变形。 实际中产生该形变的原因一般是负载偏心或有绕轴加速旋转的物体存在。

(3)机器人寿命校核

机械结构设计完成后，要对整台设备进行寿命计算，特别是核心元件、部件的寿命必须计算，如机器人导轨的寿命、减速机的寿命、伺服电机的寿命等。

机器人的运行寿命与运行速度、负载大小、结构形式及工作环境等有关。

如果机器人的设计寿命太短，需要重新调整设计。

(4)机器人优化

在满足机器人强度、刚度及寿命的条件下进行机器人的优化。 目前机器人优化研究的方式、方法很多，可以参考相关资料。

6.1　转动机构

转动机构通常作为工业机器人系统的支撑部件，并实现机器人本体的转动。 对此，在进行机器人转动机构设计时，对整个机构体积、重量等均有要求，并要求传动链尽可能短、传动效率高。

6.1.1　转动机构设计流程

转动机构设计流程的内容包括运动性能、力学特性、机械结构、精度要求、详细设计、验证与修改等。 在此仅以 GJ-Ⅰ型转动机构为例进行阐述。

(1)方案制定

明确转动机构在机器人整机中的作用及位置，制定转动机构的方案。 为了满足机器人转动机构的要求，GJ-Ⅰ型转动机构采用电驱动。

(2)运动性能及参数

GJ-Ⅰ型机器人转动机构的运动性能及参数要求如表 6-1 所示。

表 6-1　转动机构运动性能与参数(GJ-Ⅰ型)

运动性能	数　值
最大线位移/mm	
沿垂直轴	500
最大角位移/(°)	
手臂相对于垂直轴	300
运动关联性能	—

绘制 GJ-Ⅰ型转动机构的传动链或运动原理简图。

(3)力学特性

针对 GJ-Ⅰ型转动机构的设计对象，制定满足其结构的力学特性与参数，其参数如表 6-2 所示。

表 6-2　转动机构力学特性与参数(GJ-Ⅰ型)

力学特性	数　值
机器人额定负载/kg	20
力学关联性能	—

对转动机构的关键零部件还应进行强度、刚度、稳定性等计算。

(4)零部件建模与设计

在满足运动性能计算、力学特性分析的前提下，进行 GJ-Ⅰ型转动机构的零部件建模与设计。机械结构特殊要求如表 6-3 所示。

表 6-3　转动机构机械结构特殊要求(GJ-Ⅰ型)

机械结构特性	数　值
质量(数控装置除外)/kg	570
机械结构关联性能	—

该设计应包括关键转动零件的设计，也应包括部分零件、部件的详细设计、优化设计等。

(5)精度要求

在转动机构的零部件结构设计时，必须考虑选用件的匹配及零部件间的配合，也包括传动误差分析，以满足精度要求。其精度要求如表 6-4 所示。

表 6-4　转动机构精度要求(GJ-Ⅰ型)

定位误差	数　值
最大定位误差/mm	±1

(6)详细设计、验证与修改

在上述基础上进行转动机构及全部零部件的详细设计。验证转动机构的运动性能、力学特性及精度要求，修改零件的机械结构，直至满足各项技术要求。

6.1.2　转动机构原理

机器人转动机构按传动方式分为齿轮传动、带传动、链传动、绳传动、谐波减速器传动及摆线针轮传动等方式。但这些传动存在体积大、结构复杂等缺点。

GJ-Ⅰ型机器人转动机构的运动链如图 6-1 所示，包括电动机、蜗杆减速器、齿轮传动及转轴等，该机构设计简单、紧凑、效率高。

GJ-Ⅰ型机器人适用于数控机床的辅助工作，其转动机构要求有沿着垂直轴(Z 方向)的移动、绕着垂直轴方向(水平面)的转动及具有最大角位移的限制等，对此，转动机构可以通过一系列构件与运动关节连接而成，设计转动部件时，应包括减速装置、传动装置及联结装置等机械结构。

图 6-1 中转动机构采用电驱动蜗杆减速器机构，利用电动机的转动驱动蜗杆减速器，通过蜗杆减速器传递低速运动及动力给直齿圆柱齿轮，再通过直齿圆柱齿轮传递给

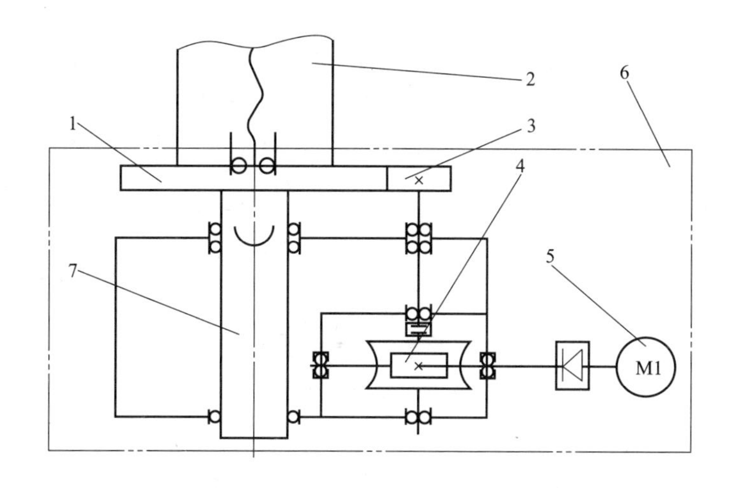

图 6-1 GJ-Ⅰ型转动机构运动链
1、3—齿轮传动；2—升降机构；4—蜗杆减速器；5—电动机；6—转动机构；7—转轴

转轴，转轴的运动促成转动机构的工作。

分析转动机构运动链得知，该转动机构以电动机的输入旋转运动开始，以转轴的输出旋转运动结束，期间进行减速运动、传递动力并进行功能方式的转换，直至传递出达到技术要求的运动特性。

6.1.3 转动机构结构与分析

机器人转动机构(或转动关节)会受到静力参数和动力参数两部分的影响，同时，转动中存在着摩擦，由摩擦引起的定位与跟踪误差、极限振荡等现象。 这些现象和影响会随着零部件结构的复杂性而增加，已经成为阻碍机器人性能提高及装配的主要障碍，对此 GJ-Ⅰ型机器人进行了优化机构设计，如图 6-2 所示。

转动部件的主要结构关系与分析：

① 图 6-2 表达了 GJ-Ⅰ型机器人转动部件装配结构，包括基座、蜗杆减速器、齿形联轴器、电动机、齿轮传动及轴等，转动部件作为电驱动的中介，入口是高速电动机，出口是低速工作机。 转动部件满足转动机构在垂直于 Z 轴方向的水平面内转动要求，其转角控制在［—150°，150°］范围内；由于转动部件做成单独的组件形式，因而形成转角的连接件装配方便，角位移调整方便，容易实现转角的精度要求。

转动部件作为机器人系统中的一个重要环节，其结构、重量、尺寸对机器人有直接影响。 转动部件的结构关系主要有：在机器人基座上固定有蜗杆减速器，蜗杆减速器参与传动，输出很大的力矩，减速范围大；基座通过齿形联轴器与电动机相连；在蜗杆减速器的输出轴上装配有外联结构，外联齿轮与转轴相连的圆柱齿轮(序号 6)相啮合；在电动机尾部装配检测元件，通过控制转动部件的速度及转角提高机器人转动精度。

② GJ-Ⅰ型机器人转动部件设计时，要求传动零件数少、结构简单紧凑、制造容易。 图 6-3 示出了对转动部件中转轴零件进行优化处理后的简图，其结构平直、简洁。

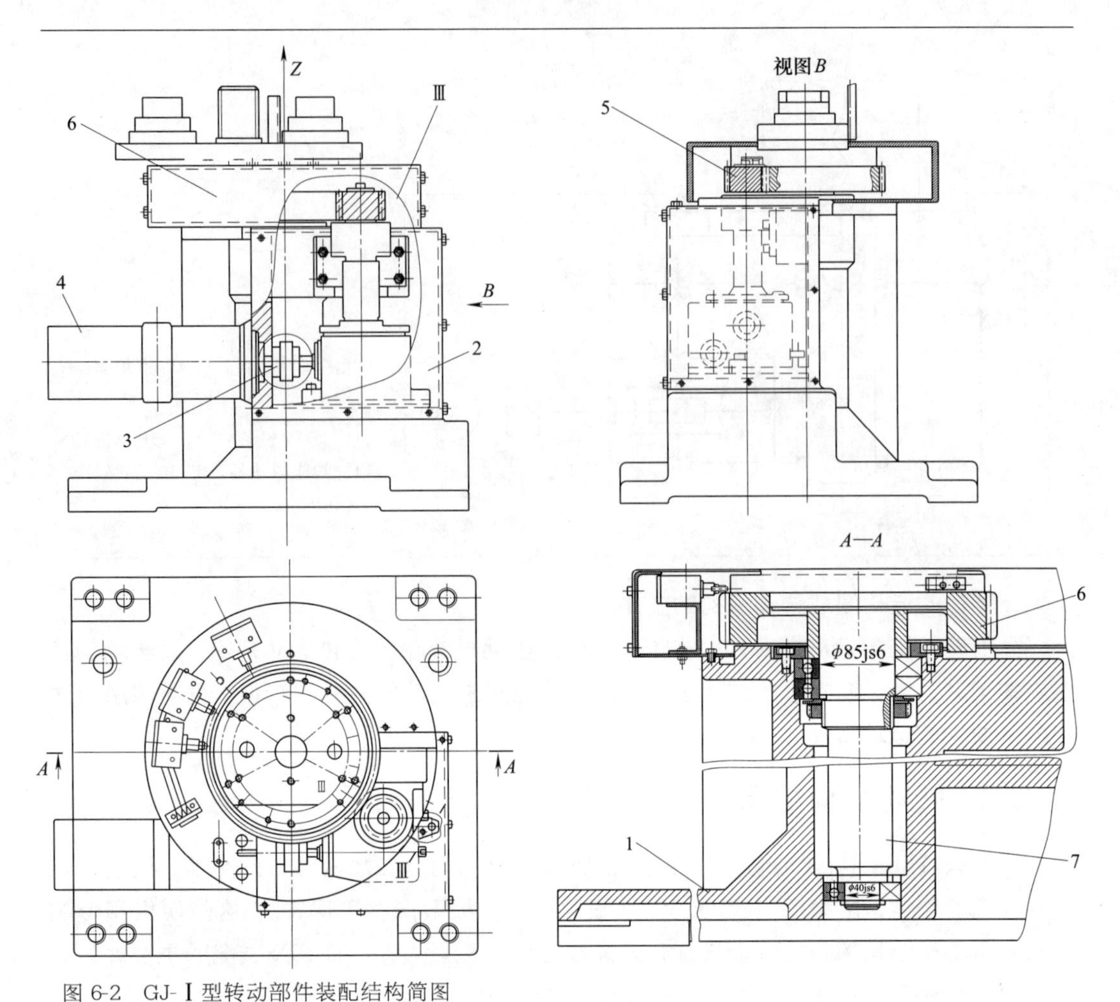

图 6-2　GJ-Ⅰ型转动部件装配结构简图

1—基座；2—蜗杆减速器；3—齿形联轴器；4—电动机；5，6—齿轮传动；7—转轴；Ⅲ—转动部件中小齿轮的外联结构

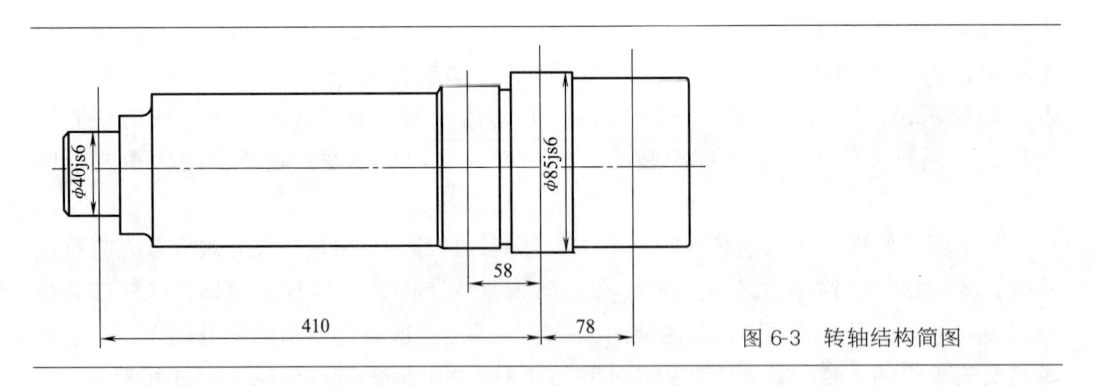

图 6-3　转轴结构简图

转动结构设计时，如果其他零部件也依此方法进行处理，即实时求得在几个关键时刻该机构(或关节)的转矩后进行修正或简化，并对相应结构进行有效的设计和补偿，则在此基础上的转动结构设计相对容易，其控制、调整方便，系统性能也将有很大的改善。

③ 传动误差。 机器人转动机构传动时，既包括垂直转轴的运动，也存在外联结构的作用，传动状况受到联轴器、轴承、丝杠螺母副及转动机体等串联部件运动与结构等因素的影响，如图 6-4 所示。

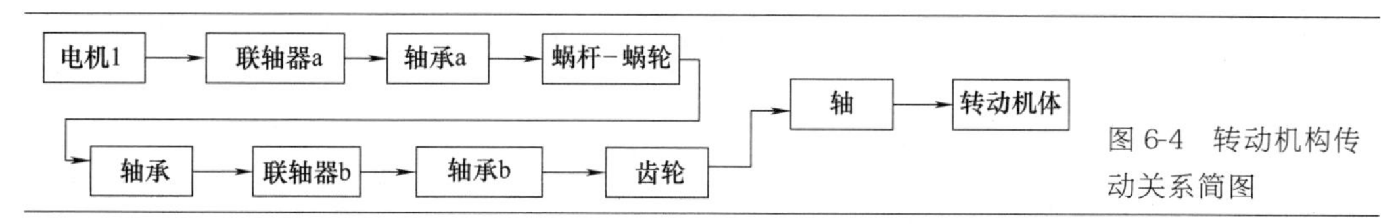

图 6-4 转动机构传动关系简图

转动机构传动误差为转动机构运动链的总误差 E，其值可以简化为相关零部件的误差 E_i 串联之和。 计算时，首先分配或测量得到各个零部件的误差，之后可以通过公式 $E=\sum E_i$ 得到具体数值，该数值也是转动机构建模、优化及结构设计的重要数据。

6.2 升降机构

升降机构又叫升降台，是一种将人或者货物升降到某一高度的升降设备。 在机器人结构中为了装卸与上、下料方便而经常使用。 同时，工厂、自动仓库等物流系统中进行垂直输送时，升降平台上往往还装有各种平面输送设备，作为不同高度输送线的连接装置。

6.2.1 升降机构设计流程

升降机构设计流程的内容包括运动性能、力学特性、机械结构、精度要求、详细设计、验证与修改等。 在此仅以 GJ-Ⅰ型升降机构为例进行讨论。

(1)方案制定

明确升降机构在机器人整机中的作用及位置，制定升降机构的方案。

机器人升降机构应满足以下特性：为了机器人运动灵活，将升降机构做成单独组件的形式；为了专用高效的构想将机器人设置为单手爪；为了外观结构简单将传动零件及驱动电机都安装在机器人内部；在保证结构强度和安全的前提下，尽量减轻升降部件的重量。

为了满足机器人额定负载的要求，GJ-Ⅰ型升降机构采用液压驱动。

(2)运动性能及参数

GJ-Ⅰ型机器人升降机构的运动性能及参数要求如表 6-5 所示。

表 6-5 升降机构运动性能与参数(GJ-Ⅰ型)

运动性能	数值
最大线位移/mm	
沿垂直轴	500
沿水平轴	500~1100
最大角位移/(°)	
手臂相对于垂直轴	300
运动关联性能	—

运动性能中，沿水平轴最大线位移数值将会影响升降机构的稳定性。

绘制 GJ-Ⅰ型升降机构的传动链和运动原理简图。

(3)力学特性

针对 GJ-Ⅰ型升降机构的设计对象，制定满足其结构的力学特性与参数，其参数如表 6-6 所示。

表 6-6 升降机构力学特性与参数(GJ-Ⅰ型)

力学特性	数值
机器人额定负载/kg	20
力学关联性能	—

对升降机构的关键零部件应进行强度、刚度、稳定性等计算。

(4)零部件建模与设计

在满足运动性能计算、力学特性分析的前提下，进行 GJ-Ⅰ型升降机构的零部件建模与设计。机械结构特殊要求如表 6-7 所示。

表 6-7 升降机构机械结构特殊要求(GJ-Ⅰ型)

机械结构特性	数值
质量(数控装置除外)/kg	570
机械结构关联性能	—

该设计应包括关键传动零件的设计，也应包括部分零件、部件的详细设计、优化设计等。

(5)精度要求

在升降机构的零部件结构设计时，还必须考虑选用件的匹配及零部件间的配合，也包括传动误差分析，以满足精度要求，其精度要求如表 6-8 所示。

表 6-8 升降机构精度要求(GJ-Ⅰ型)

定位误差	数值
最大定位误差/mm	±1

(6)详细设计、验证与修改

在上述基础上进行升降机构及全部零部件的详细设计，验证升降机构的运动性能、力学特性及精度要求，修改零件的机械结构，直至满足各项技术要求。

6.2.2 升降机构原理

机器人升降机构中存在传动误差，转动关节会受到静力参数和动力参数两部分的影响，因此设计中应考虑在不同工作状态下的传动参数和受力参数，机器人基础部件设计时必须满足升降机构沿垂直方向的运动空间。

GJ-Ⅰ型机器人升降机构的运动链如图 6-5 所示。对于该升降机构服务的数控机床机器人来说，除了具有升降过程外，还应具有旋转功能，以方便配合数控机床对工件加工的需求。设计升降机构时应包括减速装置、传动件、滚珠丝杠副及导向柱等机械结构。

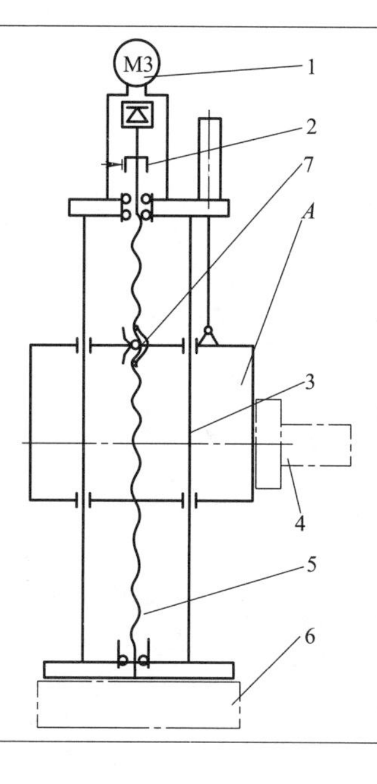

图 6-5　GJ-Ⅰ型升降机构运动链

1—电动机；2—电磁制动器；3—导向柱；4—手臂；5—滚珠丝杠；6—转动机构；7—滚珠丝杠副；A—手臂伸缩机构

该机构通过电动机、联轴器、滚珠丝杆副、导向柱及等机械零部件传递运动和动力。在图 6-5 中，关键是要注意沿轴线最大位移速度及沿滚珠丝杠转动的限制。工作过程中升降机构应该保证在垂直方向的行程，沿导柱的上下极限位置，由此可以形成提升功能及实现升降运动的稳定性。

6.2.3　升降机构结构与分析

升降机构按照其结构的不同可以分为剪叉式、升缩式、套筒式、升缩臂式及折臂式等。由 GJ-Ⅰ型机器人特征要求得知，升降机构应沿垂直轴运动并具有最大线位移的限制，对此升降机构传动可以通过“减速”及一系列构件构成“运动关节”连接而成；升降主体外部采用套筒式，内部采用螺旋式丝杠。

GJ-Ⅰ型机器人升降机构用于将机器人的转动部件及手臂部件等升降到一定位置，并且，当转动部件及手臂部件工作时，能满足机器人强度及稳定性的要求。图 6-6 所示为丝杠式升降部件结构简图，机器人的升降机构带动手臂移动，之间可以采用固定式结构连接。

GJ-Ⅰ型升降机构可以做成单独的组件装配形式，在保证传动误差要求的前提下，应尽量简化装配结构。

升降部件的主要结构关系与分析：

① 升降部件在机器人整机中的位置是在基础部件之上，其中升降部件的静止部件（两个固定导向柱）在基础部件之上并垂直方向固定安装。运动部件（机体）通过直流电动机基座进行固定安装，上、下支承板中有两个固定导向柱，机体可沿导向柱上下移动。在上支承板上装有直流电动机基座，在其内部装有电磁制动器。直流电动机装在直流电动机基座上，通过齿形联轴器与滚珠丝杠相连。滚珠丝杠副的螺母紧固在手臂伸缩组件的机体上。这样，电动机的转动变为手臂的上下往复移动。滚珠丝杠螺母

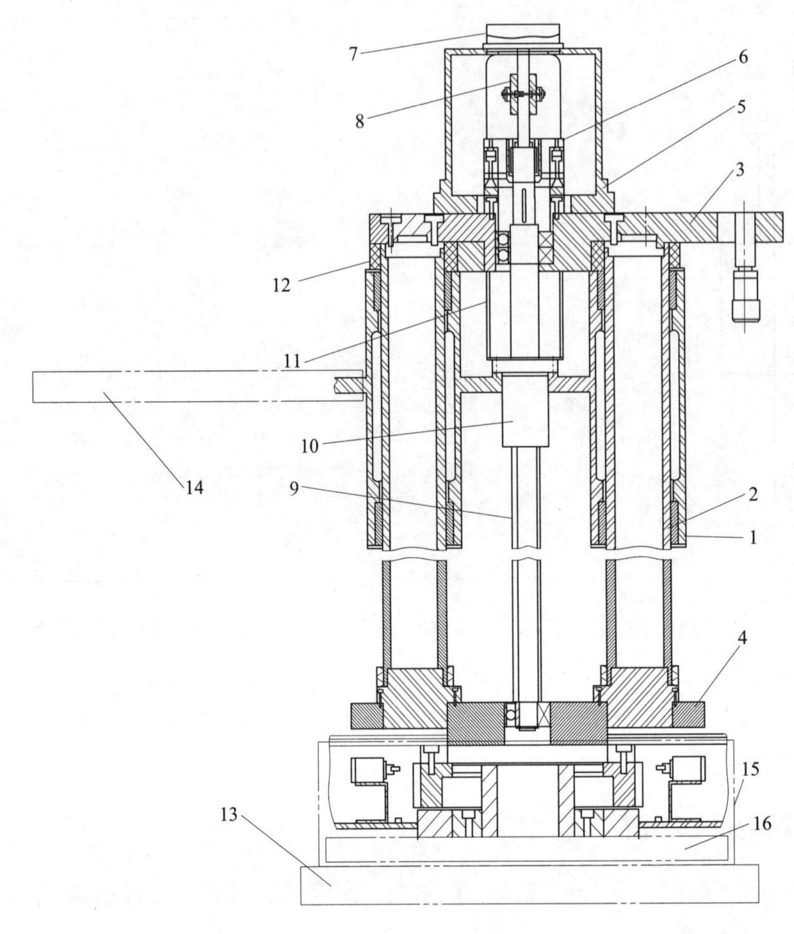

图 6-6 丝杠式升降部件结构简图

1—机体（手臂伸缩组件）；2—导向柱；3—上支承板；4—下支承板；5—直流电动机基座；6—电磁制动器；7—直流电动机；8—齿形联轴器；9—滚珠丝杠；10—滚珠丝杠副的螺母；11—皱纹护套；12—橡胶缓冲器；13—转动机构；14—手臂；15—基础部件；16—基座

副要设置自锁结构，以此在保证升降机构运动到准确位置极限的同时还要保证其安全性，也就是要考虑工作时的稳定性及可靠性。由此，升降部件（也包括带动的手臂伸缩部件）可以实现手臂伸缩部件的上下往复移动，该结构上下运动灵活、提升范围长、在低速时无爬行、设备结构刚度高、体积小、重量轻及操作方便、维护简单。

② 升降部件中也可以增设橡胶缓冲器、皱纹护套等。橡胶缓冲器用以缓和当手臂上下行程终端时的冲击，皱纹护套主要针对丝杠防尘、防污垢。这样既可以满足机器人负载值的要求也便于实施封闭结构形式的升降，可以有效地避免工作中的二次污染，从而提高机器人的整体性能。

③ 升降机构主要零部件分析。滚珠丝杠是升降机构实现升降功能的主要运动与受力零件，升降机构中与丝杠关联的主要零部件如图 6-7 所示。

图 6-7 中包括轴承、滚珠丝杠螺母副及其他连接件。丝杠的主要作用是通过轴承、滚珠丝杠螺母等零部件的配合以支持机器人在一定位置高度的工作。同时，丝杠还与导向柱并行工作，共同承受升降机构在垂直方向的稳定与平衡。

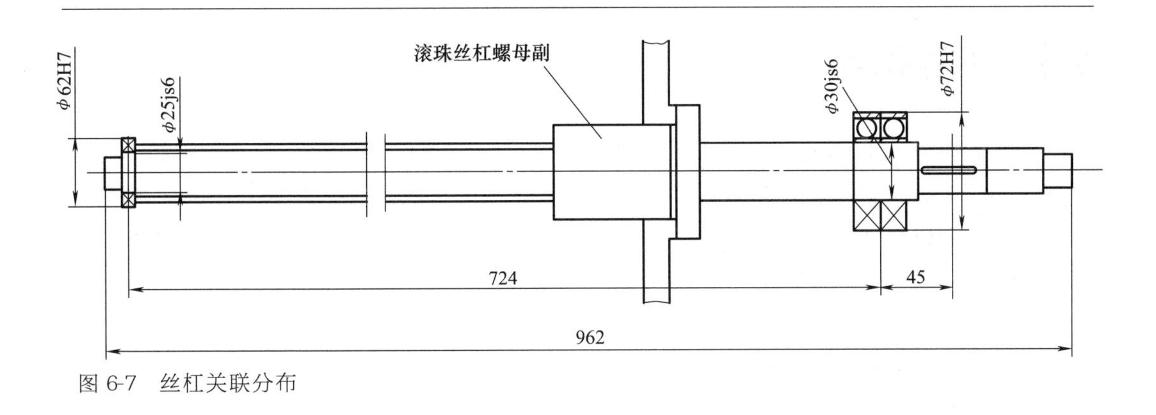

图 6-7 丝杠关联分布

分析机器人的整体结构特性得知，机器人升降机构运动时，其沿垂直轴运动（工作）范围最大位移为 500mm。

对丝杠结构要求相对简单，对升降机构控制的实现相对容易，经优化后丝杠的结构简图如图 6-8 所示。

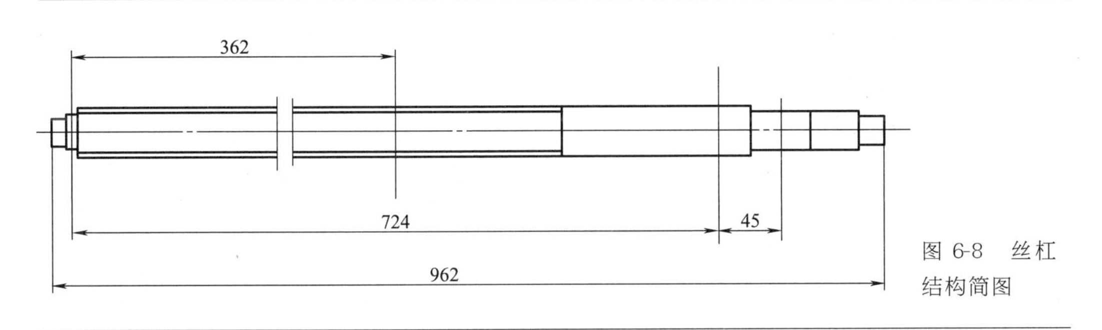

图 6-8 丝杠结构简图

对丝杠进行优化处理后，将使升降机构装配更为简洁，升降机构控制、调整更为方便。

④ 传动误差。机器人升降机构的运动主要是相对垂直轴的运动，运动链受到联轴器、轴承、丝杠螺母副及导向柱等串并联部件运动的影响，其传动关系如图 6-9 所示。

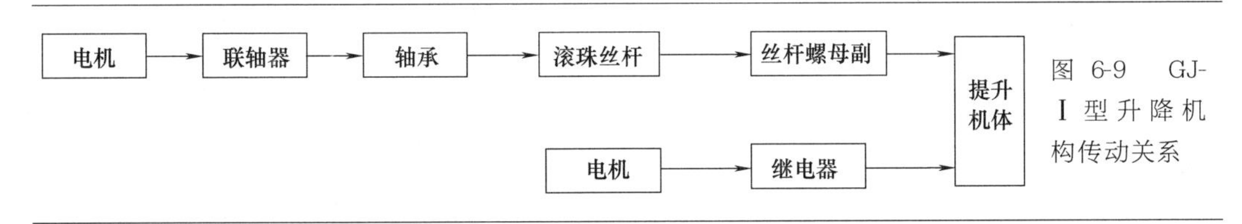

图 6-9 GJ-Ⅰ型升降机构传动关系

运动过程中零部件的结构、制造装配及传动误差等因素均对整个升降机构运动链误差有影响，应对各个零部件误差E_i进行合理分配或测量，当各零部件误差给定后，运动链总误差E即为图 6-9 中相关零部件的串联之和，可以通过公式$E = \sum E_i$计算得到。

传动误差数值的大小与方向为升降机构控制分析及设计提供了数据依据，传动误差位置的确定有利于升降部件结构设计，使装配关系更加明确，提高升降部件的装配工艺性。

6.3 手臂机构

手臂由机器人的动力关节和连接杆件等构成，手臂有时也包括肘关节和肩关节，是机器人执行机构中最重要的部件。它的作用是支承手部和腕部，并改变手部在空间的位置。对手臂机构的要求包括：手臂承载能力大、刚性好且自重轻；手臂运动速度适当，惯性小，动作灵活；手臂位置精度高；通用性强，适应多种作业；工艺性好，便于维修调整。

（1）手臂承载能力大、刚性好且自重轻

手臂的承载能力及刚性直接影响到手臂抓取工件的能力及动作的平稳性、运动速度和定位精度。如承载能力小，则会引起手臂的振动或损坏；刚性差则会在平面内出现弯曲变形或扭转变形，直至动作无法进行。为此，手臂一般都采用刚性较好的导向杆来加大手臂的刚度，手臂支承、连接件的刚性也有一定的要求，以保证能承受所需要的驱动力。

（2）手臂运动速度适当，惯性小，动作灵活

手臂通常要经历由静止状态到正常运动速度，然后减速到停止不动的运动过程。当手臂自重轻，其启动和停止的平稳性就好。对此，手臂运动速度应根据生产节拍的要求决定，不宜盲目追求高速度。

手臂的结构应紧凑小巧，这样手臂运动便轻快、灵活。为了手臂运动轻快、平稳，通常在运动臂上加装滚动轴承或采用滚珠导轨。对于悬臂式机械手臂，还要考虑零件在手臂上的布置。要计算手臂移动零件时，还应考虑其重量对回转、升降、支撑中心等部位的偏移力矩。

（3）手臂位置精度高

机械手臂要获得较高的位置精度，除采用先进的控制方法外，在结构上还注意以下几个问题：①机械手臂的刚度、偏移力矩、惯性力及缓冲效果均对手臂的位置精度产生直接影响；②需要加设定位装置及行程检测机构；③合理选择机械手臂的坐标形式。

（4）设计合理，工艺性好

上述对手臂机构的要求，有时是相互矛盾的。如刚性好、载重大时，其结构往往粗大、导向杆也多，会增加手臂自重；如当转动惯量增加时，冲击力大，位置精度便降低。因此，在设计手臂时，应该根据手臂抓取重量、自由度数、工作范围、运动速度及机器人的整体布局和工作条件等各种因素综合考虑，以达到动作准确、结构合理，从而保证手臂的快速动作及位置精度。

6.3.1 手臂机构设计流程

手臂机构设计流程的内容包括运动性能、力学特性、机械结构、精度要求、详细设计、验证与修改等。在此仅以 GR 型热冲压用机器人为例进行讨论。

（1）方案制定

明确手臂机构在机器人整机中的作用及位置，制定手臂机构的方案。按照抓取工

件的要求，机械手的手臂有三个自由度，即手臂的伸缩、左右回转和升降运动。

为了满足 GR 型热冲压用机器人手臂机构的性能要求，采用的主要驱动和控制方式包括：手腕的伸出运动采用电驱动；夹持器采用气缸驱动，两个气缸用于夹持器的压紧。

手臂的回转通过回转机构来实现。手臂沿垂直方向的位移采用直线移动机构。手臂的不平衡量采用气缸平衡控制。

（2）运动性能及参数

GR 型热冲压用机器人手臂机构的运动性能及参数要求如表 6-9 所示。

表 6-9 手臂机构运动性能与参数（GR 型）

运动性能	数值
位移范围：	
手臂在水平面转动/（°）	340
手臂提升/mm	800
运动关联性能：	
手腕伸出/mm	1500
手腕相对纵轴（Z 轴）转动/（°）	90
位移速度：	
手臂转动/[（°）/s]	150
手臂提升/（m/s）	0.6
运动关联性能：	
手腕伸出/（m/s）	1.5
手腕转动/[（°）/s]	90

绘制 GJ-Ⅰ型手臂机构的传动链和运动原理简图。

（3）力学特性

从臂部的受力情况分析，它在工作中即直接承受腕部、手部和工件的静载荷、动载荷，并且自身运动较多。因此，手臂的结构、工作范围、灵活性等直接影响到机械人的工作性能。

针对 GR 型热冲压用机器人手臂机构的设计对象，制定满足其结构的力学特性与参数，其参数如表 6-10 所示。

表 6-10 手臂机构力学特性与参数（GR 型）

力学性能	数值
机器人承载能力/kg	40
夹持力/N	6000
手臂伸缩机构电动机功率/kW	2.2
直线移动机构电动机功率/kW	2.2
力学关联性能	—

对手臂机构的关键零部件应进行强度、刚度、稳定性等计算。

（4）零部件建模与设计

在满足运动性能计算、力学特性分析的前提下，进行 GR 型热冲压用机器人手臂机构的零部件建模与设计。机械结构特殊要求如表6-11所示。

表6-11 手臂机构机械结构特殊要求(GR型)

机械结构特性	数　值
机器人质量（数控装置除外）/kg 机械结构关联性能	1200 —

该设计应包括手臂关键零件及专用零部件的详细设计、优化设计等。

（5）精度要求

精度要求与机械手臂的坐标形式有关。如直角坐标式机械手的位置精度较高，其结构和运动都比较简单、误差也小。回转运动产生的误差是放大时的尺寸误差，当转角位置一定时，手臂伸出越长，其误差越大。关节式机械手因其结构复杂，手端的定位由各部关节相互转角来确定，其误差是积累误差，因而精度较差，其位置精度也更难保证。因此合理选择机械手臂的坐标形式是满足精度要求的方式之一。

在手臂机构的零部件结构设计时，还必须考虑选用件的匹配及零部件间的配合，也包括传动误差分析，以满足精度要求，其精度要求如表6-12所示。

表6-12 手臂机构精度要求（GR型）

夹持器定位精度	数　值
夹持器定位误差/mm	±2

（6）上下料节拍

上下料节拍由上下料需要的时间决定。上下料时间可以由加热炉的出料时间和冲压机的动作时间决定。不同工件设置不同时间的节拍。

（7）详细设计、验证与修改

在上述基础上进行手臂机构及全部零部件的详细设计，验证手臂机构的运动性能、力学特性及精度要求，修改零件的机械结构，直至满足各项技术要求。

6.3.2 手臂机构原理

一般来说，手臂机构应该具备3个自由度才能满足基本要求，既手臂伸缩、左右回转和升降运动。手臂的这些运动通常通过各种驱动机构及多种传动机构来实现。

GR型热冲压用机器人手臂机构的传动关系如图6-10所示，图中也示出了与提升机构、转动机构及承载系统等的关联。

GR型热冲压用机器人手臂机构的功能是：保证水平轴向运动和带夹持器手腕的转动，以便在加工时毛坯能安装和定向。该手臂机构传动关系中涉及承载系统、位置传感器、测速发电机及驱动装置、提升及转动机构等。

图6-10中左边部分为手腕的伸出运动。手腕的伸出运动由电动机驱动，电动机转子的转动通过联轴器传到轴ⅩⅥ，该轴上固定连接着两个齿轮，通过齿轮把运动输出；此时，电动机—联轴器—轴ⅩⅥ的运动也通过齿轮传到轴ⅩⅩ上，此时，轴ⅩⅩ上的固结

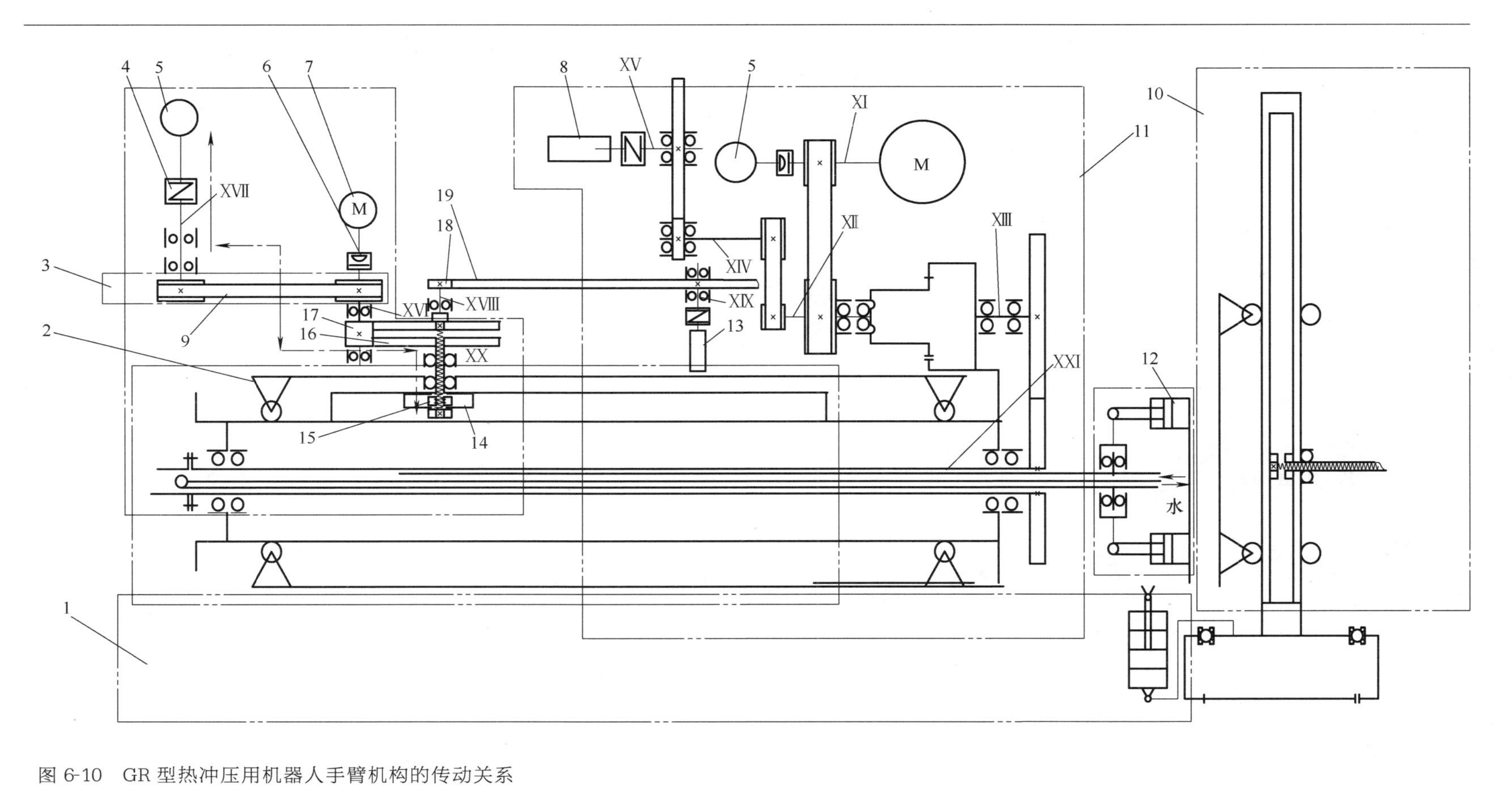

图 6-10　GR 型热冲压用机器人手臂机构的传动关系

1—转动模块；2—承载系统小车；3—引出手腕伸出运动；4,6—联轴器；5—测速发电机；7—电动机；8，13—位置传感器；9—齿形带传动；10—提升模块；11—夹持机构；12—夹持器驱动气缸；14—齿条；15—固结小车齿轮；16,17—齿轮；18—固定齿轮；19—位置传感器传动装置的齿轮

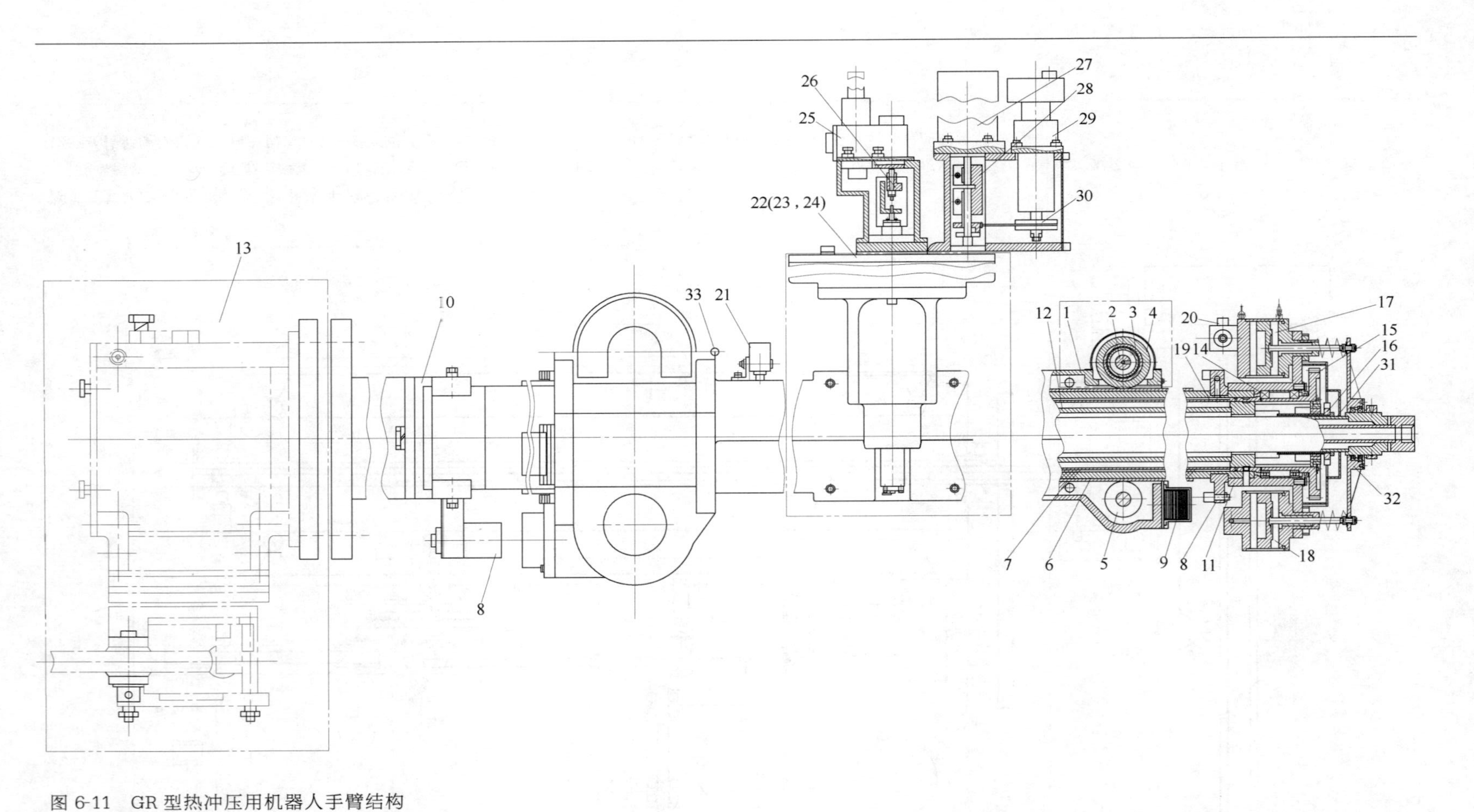

图 6-11　GR 型热冲压用机器人手臂结构

1—机体；2—承载轴；3—承载轴承；4—滚轮；5—辊轴；6—矩形截面手臂；7—导轨；8—挡块；9—弹簧缓冲器；10—前套筒；11—后套筒；12—空心轴（中心轴）；13—手腕；14—后轴承；15—齿轮；16—锥形挡块；17，18—夹持器的压紧用气缸；19—气缸轴套；20—滑阀；21—行程开关；22—直线移动机构；23—输出齿轮；24—齿条；25—传感器；26，28—联轴器；27—电动机；29—测速发电机；30—齿形带；31—拉杆；32—杠杆；33—专用凸轮

小车齿轮与承载系统小车上的齿条相啮合。因为手臂与承载系统小车是固定在一起的，因此可以实现手腕的伸出运动。

另外，电动机转子依靠齿形带传动与测速发电机相连，并通过联轴器与轴 XⅦ 相连。在轴 XⅧ 上装有固定齿轮，该固定齿轮与位置传感器传动装置的齿轮相啮合。

手腕的伸出运动相对于手臂而言是移动零件，也是重量的偏移。此时，偏移或偏移力矩对手臂运动很不利，偏移力矩过大，会引起手臂的振动，当手臂升降时还会发生一端沉现象，会影响运动的灵活性，严重时手臂与提升部件会卡死。所以，在设计手臂时，要尽量使手臂重心通过回转中心，或离回转中心要尽量接近，以减少偏移力矩。

6.3.3 手臂机构结构与分析

手臂的多种运动通常由驱动装置、各种传动装置、导向定位装置、支承连接件和位置检测元件等来实现，因此它受力比较复杂，其自重较大。由于手臂直接承受腕部、手部及被抓取工件的静、动载荷；尤其是高速运动时，将产生较大的惯性力，易引起冲击及影响定位的准确性。臂部运动部分零部件的重量直接影响着臂部结构的刚度和强度。对此，GR 型热冲压用机器人手臂结构必须根据机器人的运动形式、抓取重量、动作自由度、运动精度等因素来确定。同时，设计时必须要考虑到手臂的受力情况、驱动装置及导向装置的布置、内部管路与手腕的连接形式等因素。

GR 型热冲压用机器人手臂结构如图 6-11 所示。该手臂机构主要由以下结构组成：承载系统；带位置传感器和测速发电机的驱动装置的直线移动机构；带谐波齿轮减速器的手腕传动机构；带夹持装置的手腕。

手臂承载系统包括机体、滚轮、承载轴承、承载轴及移动小车等。在机体中，有两个滚轮套在轴上，在机体的下部安装有两个辊轴，手臂可以在滚轮及辊轴上移动，由此可以引出承载系统。

手臂具有矩形截面，在手臂的侧面焊接着淬过火的导轨，在手臂的前端和后端均装有挡块。而在小车机体上与挡块相对的有弹簧缓冲器，该弹簧缓冲器用于缓和手臂行程到终端时的冲击。

在挡块与弹簧缓冲器接触之前，专用凸轮将会先碰到行程开关的滚轮上，并断开电动机的动力，此时手臂的轴向移动停止。

此外，在手臂的前、后端分别固接着前、后套筒。在前套筒中，滚针轴承内安装着空心轴，在空心轴上固定着手腕。在后套筒中，后轴承上装着齿轮，该齿轮靠渐开线花键与空心轴相连。空心轴内部可以安放冷却装置。

在后套筒上，沿后套筒的直径方向固定着上、下两个气缸，这两个气缸用于夹持器的压紧。在上气缸的端部安装着滑阀，该滑阀用以控制这些气缸的工作。在空心轴的套环上，靠法兰固定着带有夹持器的手腕；手腕通过拉杆与上、下气缸连接，即用拉杆与活塞上的杠杆相连。

在空心轴的轴颈上套着气缸轴套，该气缸轴套用来分离、冷却手臂及手腕的逆向液体流。

在手臂承载系统的机体上固定着直线移动机构，直线移动机构的输出齿轮与固接在手臂上的齿条相啮合。 此时直线移动机构用于控制手臂沿垂直方向的位移。 在直线移动机构的壳体上装着传感器及驱动装置，该驱动装置的输入轴用联轴器与直线移动机构的输出轴相连；在直线移动机构的壳体上还装着电动机，该电动机通过联轴器与直线移动机构的输入轴相连，并通过齿形带与测速发电机相连。

6.4 手腕机构

手腕是用于支承和调整末端执行器姿态的部件，主要用来确定和改变末端执行器的方位和扩大手臂的动作范围，一般有 2～3 个回转自由度用以调整末端执行器的姿态。 当然，有些专用机器人可以没有手腕而直接将末端执行器安装在手臂的端部。

手腕机构的设计要求包括以下几个部分。

① 手腕要与末端执行器相连。 对此，应有标准连接法兰，结构上要便于装卸末端执行器。 由于手腕部安装在手臂的末端，在设计手腕时，应力求减少其重量和体积，结构紧凑。 为了减轻手腕部的重量，腕部机构的驱动器采用分离传动。 腕部驱动器一般安装在手臂上，而不采用直接驱动，并选用高强度的铝合金制造。

② 要设有可靠的传动间隙调整机构，以减小空回间隙，提高传动精度。

③ 手腕各关节轴转动要有限位开关，并设置硬限位，以防止超限造成机械损坏。

④ 手腕机构要有足够的强度和刚度，以保证力与运动的传递。

⑤ 手腕的自由度数，应根据实际作业要求来确定。 手腕自由度数目越多，各关节的运动角度越大，则手腕部的灵活性越高，对作业的适应能力也越强。 但是，自由度的增加，必然会使腕部结构更复杂，手腕的控制更困难，成本也会增加。 在满足作业要求的前提下，应使自由度数尽可能少。 要具体问题具体分析，考虑机械手的多种布局及运动方案，使用满足要求的最简单的方案。

6.4.1 手腕机构设计流程

手腕机构设计流程的内容包括运动性能、力学特性、机械结构、精度要求、详细设计、验证与修改等。 在此仅以 GR 型热冲压用机器人手腕机构为例进行探讨。

（1）方案制定

手腕在操作机的最末端并与手臂配合运动，实现安装在手腕上的末端执行器的空间运动轨迹与运动姿态，完成所需要的作业动作。

制定手腕机构的方案时，应明确手腕机构在机器人整机中的作用及位置。 由于手腕安装在手臂的末端，在减轻手臂载荷的同时应力求手腕部件的结构紧凑，减少重量和体积。

为了满足机器人手腕机构的要求，GR 型热冲压用机器人手腕旋转是由电动机驱动的；夹持器采用气动。

考虑到热冲压用机器人的工作特性，应设置冷却装置。 如手腕的机体内部设计有冷却液循环内腔；靠近手腕部分设计有水套冷却等。

（2）运动性能及参数

GR 型热冲压用机器人手腕机构的运动性能及参数要求如表 6-13 所示。

通过绘制 GR 型热冲压用机器人手腕机构的传动链或运动原理简图，可保证机器人的手腕和末端操作器能以正确的姿态抓取工件。

（3）力学特性

针对 GR 型热冲压用机器人手腕机构的设计对象，制定满足其结构的力学特性与参数，其参数如表 6-14 所示。

为了保证手腕与手臂的同轴性，将手腕固定在手臂的空心轴上，但这样会削弱手腕、手臂的刚度，为此应进行刚度的验算。

表 6-13　手腕机构运动性能与参数（GR 型）

运　动　性　能	数　　值
位移范围：	
手腕伸出/mm	1500
手腕相对纵轴（Z 轴）转动/(°）	90
运动关联性能：	
手臂在水平面转动/(°）	340
手臂提升/mm	800
位移速度：	
手腕伸出/（m/s）	1.5
手腕转动/[（°）/s]	90
运动关联性能：	
手臂转动/[（°）/s]	150
手臂提升/（m/s）	0.6

表 6-14　手腕机构力学特性与参数（GR 型）

力　学　特　性	数　　值
机器人承载能力/kg	40
夹持力/N	6000
手臂伸缩机构电动机功率/kW	2.2
直线移动机构电动机功率/kW	2.2
力学关联性能	—

对手腕机构的关键零部件应进行强度、刚度、稳定性等计算。

（4）零部件建模与设计

在满足运动性能计算、力学特性分析的前提下进行 GR 型热冲压用机器人手腕机构的零部件建模与设计。机械结构特殊要求如表 6-15 所示。

表 6-15　手腕机构机械结构特殊要求（GR 型）

机械结构特性	数　　值
机器人质量（数控装置除外）/kg	1200
机械结构关联性能	—

该设计应包括手腕关键零件及专用零部件的详细设计、优化设计等。

（5）精度要求

在手腕机构的零部件结构设计时，必须考虑选用件的匹配及零部件间的配合，也包括传动误差分析，以满足精度要求，其精度要求如表 6-16 所示。

表 6-16 手腕机构精度要求（GR 型）

定 位 误 差	数 值
最大定位误差/mm	±2

（6）详细设计、验证与修改

在上述基础上进行手腕机构及全部零部件的详细设计，验证手腕机构的运动性能、力学特性及精度要求，修改零件的机械结构，直至满足各项技术要求。

6.4.2 手腕机构原理

手腕机构的自由度越多，各关节的运动范围越大，动作灵活性也越高，但这样的运动机构会使手腕结构复杂。对此手腕部件设计时应尽可能减少自由度，而增加手腕结构的多样化。

手腕机构有多种形式，不同的运动方式其机构也因此不同，可以按照所要完成的工艺任务进行更换。

GR 型热冲压用机器人手腕机构采用了手臂纵轴与转动轴相重合的方式，这样，手腕与手臂可以配合运动。如手臂运动到空间范围内的任意一点后，要改变手部的姿态(方位)，则可以通过腕部的自由度来实现。

GR 型热冲压用机器人手腕机构的结构形式（A）如图 6-12 所示，该手腕通过法兰与手臂连接，手腕固定在手臂前法兰的机体上。

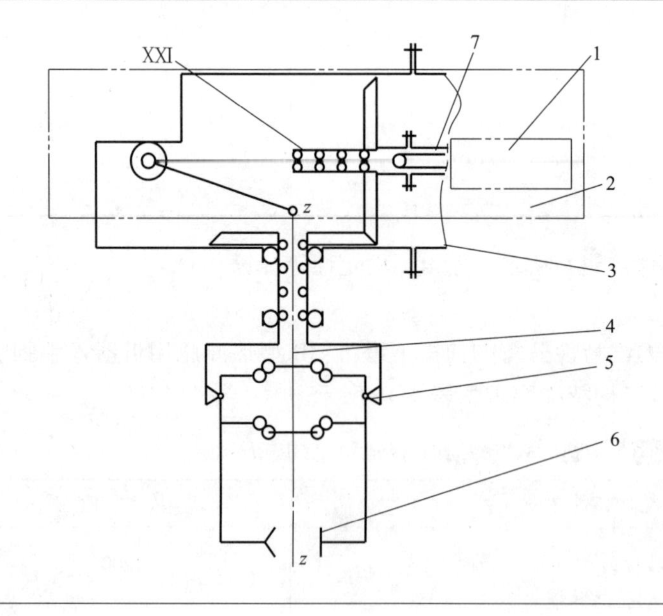

图 6-12 GR 型热冲压用机器人手腕机构的结构形式（A）

1—电动机；2—手臂机构；3—手臂前法兰上的机体；4—推杆；5—滑架；6—夹持器；7—减速器输出轴；XXI—手臂空心轴

手腕结构形式（A）中，手腕的旋转是由电动机驱动的，该电动机把动力传递到减速器输出轴上并通过齿轮传动与手臂空心轴相连，手腕固定在手臂空心轴上。

该机构中的推杆用来推动其中的滑架做上下移动，并使得齿轮带动夹持器的壳体进行旋转运动，即绕着轴 Z—Z 旋转运动，由此实现相对垂直轴的转动。

另一种手腕机构如图 6-13 所示，即 GR 型热冲压用机器人手腕机构的结构形式 B。

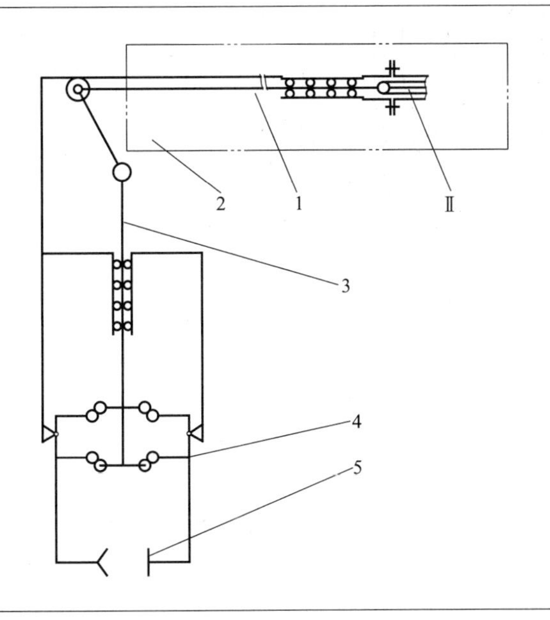

图 6-13 GR 型热冲压用机器人手腕机构的结构形式（B）

1—推杆（带有齿条）；2—手臂机构；3—轴；4—夹紧机构；5—夹持器钳口；Ⅱ—转动轴

在图 6-13 所示的结构形式（B）中，手臂的纵轴与转动轴轴向重合。手臂机构中，推杆及齿条的作用迫使手臂的运动传递到手腕机构中的轴上；另外，夹持器钳口与夹紧机构固连，夹紧机构上的齿条与推杆的齿条啮合，以实现对手腕的控制。

6.4.3 手腕机构结构与分析

手腕结构设计时注意解决的问题：①手腕处于手臂末端，需减轻部件的载荷。腕部机构的驱动装置采用分离传动，将驱动器安置在臂的后端。②提高手腕动作的精确性。分离传动采用传动轴，尽量减少机械传动系统中由于间隙产生的反转误差，提高传动刚度。③自由度的实现。

手腕与手臂关联密切。手臂运动给出了机械手末端执行器在其工作空间中的运动位置，而安装在手臂末端的手腕，则给出了机械手末端执行器在其工作空间中的运动姿态。上述两种带夹持器的手腕结构，均是通过固定法兰与手臂机构相连接，手腕运动的输入中心轴线与手臂的纵向轴线重合，两种结构均可以用于 GR 型热冲压用机器人。

① 带夹持器手腕的结构形式（A）如图 6-14 所示。该手腕机构由机体、支撑板、纵向推杆、拉杆、滚轮、搭板、垂直推杆、带滚轮的滑架、滚轮、杆件、轴、钳口、垂直推杆齿轮、夹持器及柱销等组成。

该手腕机构的结构特点是可以实现相对于轴 I 的转动。手臂机构的前支架刚性连接着主动齿轮，主动齿轮与垂直推杆齿轮相啮合，此时垂直推杆齿轮可以带动夹持器的

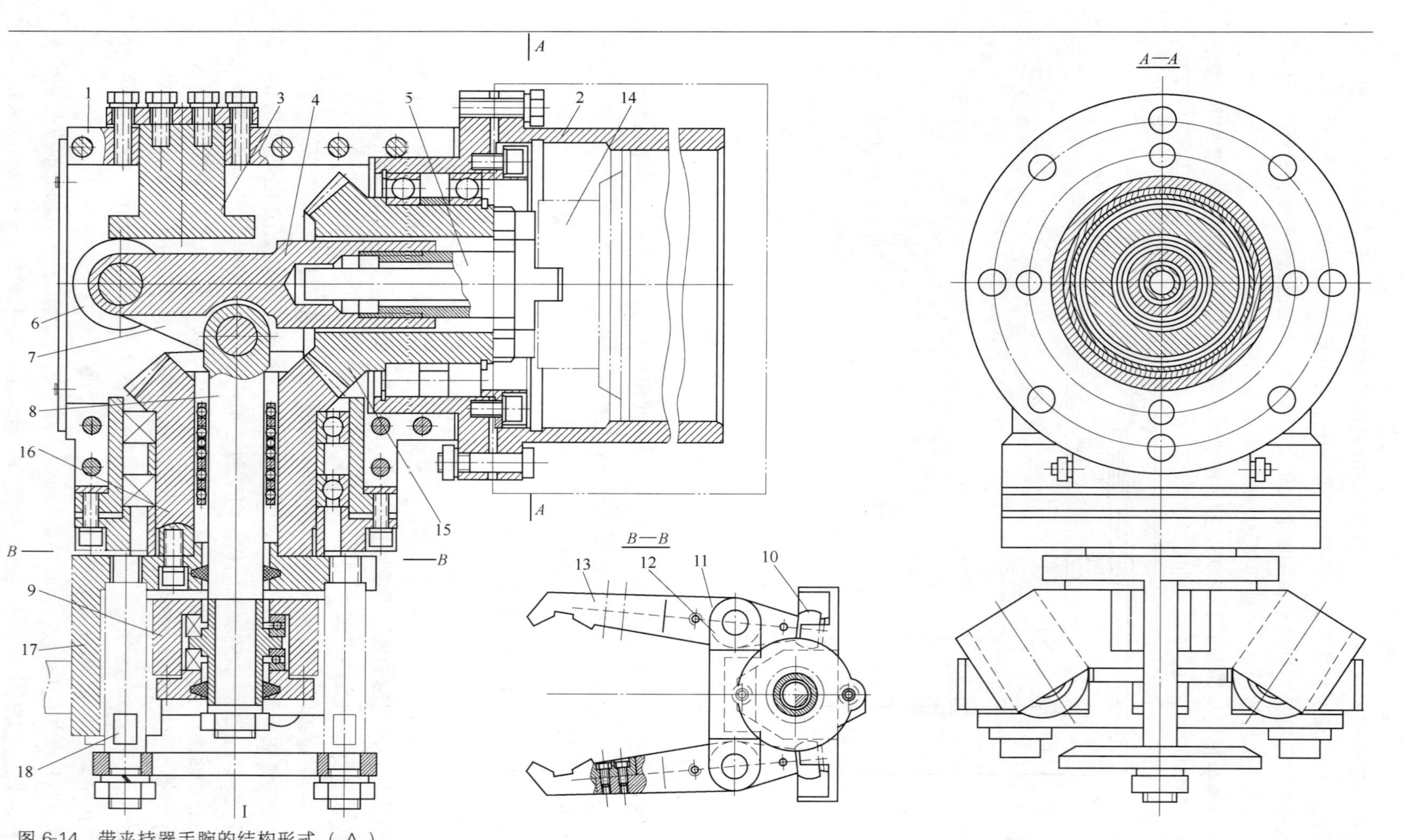

图 6-14 带夹持器手腕的结构形式（A）
1—机体；2—手臂；3—支撑板；4—纵向推杆；5—拉杆；6，10—滚轮；7—搭板；8—垂直推杆；9—滑架；11—杆件；12—夹持器轴；13—钳口；14—手臂机构的前支架；15—主动齿轮；16—垂直推杆齿轮；17—夹持器；18—柱销

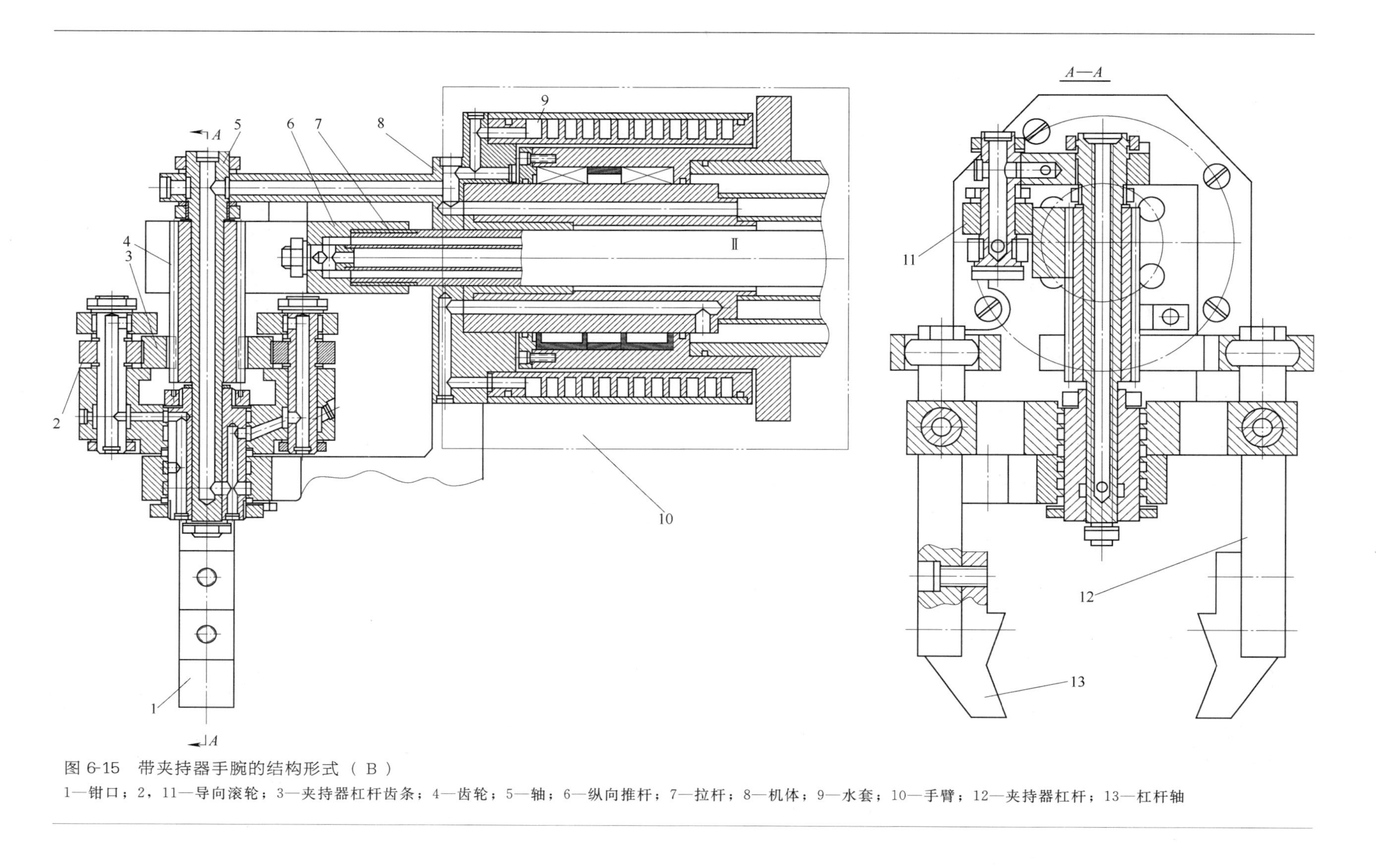

图 6-15　带夹持器手腕的结构形式（B）

1—钳口；2，11—导向滚轮；3—夹持器杠杆齿条；4—齿轮；5—轴；6—纵向推杆；7—拉杆；8—机体；9—水套；10—手臂；12—夹持器杠杆；13—杠杆轴

壳体旋转。

该机构中存在两个推杆，即纵向推杆和垂直推杆，它们分别是实现纵向运动和垂直运动的重要零件。

结构中，机体和支撑板之间组成了纵向槽，在所组成的纵向槽中有可移动的纵向推杆，该纵向推杆通过螺纹固定在拉杆上。 同时，在纵向推杆的中心轴上安装着支撑板及沿支撑板滚动的滚轮。 纵向推杆的轴、垂直推杆的轴分别与搭板相互铰接在一起。当纵向推杆向右移动时，带动滑架及垂直推杆一起向下移动，该移动作用在滚轮上；滚轮的运动使得夹持器的杆件绕夹持器轴转动，此时钳口夹紧零件。 当纵向推杆向左运动时，滑架将向上移动，而杠杆向反方向转动，此时钳口则松开零件。

夹紧力大小是由滚轮轴之间的夹角确定的，即夹角的大小依靠拉杆的轴向移动来调整。 当滚轮轴之间角度一定时，则钳口夹紧力便可以确定。 在夹持器的壳体中安装有柱销，该柱销推动夹持器夹紧机构的滑架进行工作。

② 带夹持器手腕的结构形式（B）如图 6-15 所示。 该手腕机构由机体、纵向推杆、拉杆、夹持器杠杆、钳口、齿轮、齿条、水套、杠杆轴及导向滚轮等组成。

在带夹持器手腕的结构形式（B）中，转动轴Ⅱ与手臂的纵轴相重合。 纵向推杆上连接有齿条，即纵向推杆齿条；夹持器杠杆的径向安装有两个齿条，即夹持器杠杆齿条，这两个夹持器杠杆齿条分别与夹持器的两个钳口连接。 纵向推杆齿条与齿轮相啮合，该齿轮同样也与装在夹持器杠杆上的径向两个齿条相啮合，对此可以实现夹持器钳口的夹紧运动。

该手腕机构用于热加工时，为冷却在高温区域中工作的手腕，在机体中加工有通孔，通过该通孔形成冷却液循环内腔。 手臂的前端依靠水套冷却，该水套内部做成双头螺旋式矩形槽，水可以沿着一个螺旋槽进入冷却水套，而再沿着另一个螺旋槽向后并且回到手臂的内腔中。 为了让夹持器得到冷却，在推杆及轴的设计上均采用了有孔的结构，水可以通过孔进入杠杆轴和导向滚轮的内腔。

6.5 夹持机构

工业机器人夹持装置是操作时用来在固定位置上定位和夹持物体的。

夹持机构的执行部位为夹紧钳口或夹持器手爪。 夹持器手爪主要有电动手爪和气动手爪两种形式。 气动手爪相对来说比较简单，价格便宜，在一些要求不太高的场合用的比较多。 电动手爪造价比较高，主要用在一些特殊场合。

为了完成装配机器人的工作，当组装操作时必须装备相应的带工具、夹具的夹持装置，才能保证所组装零件能够具有要求的位置精度，以实现单元组装及钳工操作的可能性。

6.5.1 夹持机构设计流程

夹持机构设计流程的内容包括方案制定、夹持机构要求、力学特性、机械结构、精度要求、详细设计、验证与修改等。

（1）方案制定

夹持装置设计中，由于机构和控制系统方面的限制，很难设计出像人手那样的夹持装置，同时，由于对多数工作现场来说，对机器人的工作要求是有限的，因此，夹持装置的设计主要应该针对一定的工作对象来进行。

机械夹持装置是目前应用最广的夹持形式，可见于多种生产线机器人中，它主要是利用开闭的机械机构以实现特定物体的抓取。因此，制定夹持机构的方案时，应首先明确工作对象，了解夹持机构在机器人整机中的作用及位置，满足机器人夹持机构的要求。

（2）夹持机构要求

夹持机构可以设计成可换式夹持机构及快换式夹持机构两种结构形式。当夹持机构用以夹持轴类零件时，其夹持机构的要求如表 6-17 和表 6-18 所示。

表 6-17 可换式夹持机构

可换式夹持机构的要求	数值
夹持轴直径范围/mm	40 ~ 90
夹持轴长度/mm	约 250
夹持轴质量/kg	—

表 6-18 快换式夹持机构

快换式夹持机构的要求	数值
夹持轴直径范围/mm	40 ~ 100
夹持轴长度/mm	约 500
夹持轴质量/kg	—

（3）力学特性

夹持机构的力学特性通常与执行机构有关。①执行机构具有与夹持器位置无关的固定的作用力传递系数；②执行机构具有与夹持器位置有关的变作用力传递系数，具有变传递关系的执行机构有可能达到较大夹紧力，但一般最大的作用力只能在移动范围较小的情况下达到。

与此相关，为保证在较大尺寸范围内可靠地夹持物体，必须在夹持装置中采用带固定传动比的机构，如齿轮齿条机构、螺旋传动、某些杠杆机构等。或考虑重新调整采用变传动比的执行机构，如杠杆类。

针对夹持机构，制定满足其结构的力学特性与参数如表 6-19 所示。

表 6-19 夹持机构力学特性与参数

力学特性	数值
夹持力/kg	—
力学关联性能	—

对夹持机构的关键零部件应进行强度、刚度、稳定性等计算。

（4）零部件建模与设计

在满足夹持机构要求、力学特性的前提下进行夹持机构的专用零件建模与设计。机械结构特殊要求如表 6-20 所示。

该设计应包括专用零件的详细设计、优化设计等。

（5）精度要求

表 6-20　夹持机构机械结构特殊要求

机械结构特性	数　值
质量/kg	—
机械结构关联性能	—

在夹持机构的零部件结构设计时，必须考虑选用件的匹配及零部件间的配合，以满足精度要求，其精度要求如表 6-21 所示。

表 6-21　夹持机构精度要求

定 位 误 差	数　值
最大定位误差/mm	—
安装稳定性/mm	—

（6）详细设计、验证与修改

在上述基础上进行夹持机构及专用零件的详细设计，验证夹持机构的性能、力学特性及精度要求，修改零件的机械结构，直至满足各项技术要求。

6.5.2　夹持机构原理

夹持装置的结构是由动力源所决定，动力源将驱动装置的运动转变为夹持器工作元件所必需的位移。在夹持装置中，通过各种执行机构将驱动装置输出杆件的直线和回转运动，以固定的比例转变为工作元件的直线移动或转动。

① 采用气动夹持器形式时，夹持器钳口的夹紧与松开是在空气进入手臂承载系统的气缸中产生的。气缸的活塞杆通过杠杆作用在拉杆上，带动有滚轮的推杆，它同样也移动夹持器杠杆的滚子，在拉杆向后行程中产生夹紧，而在向前行程中松开钳口。

② 对于夹持器的分类，从工艺观点来看，最重要的是按照操作对象的定位特性来分类，可以分为定位式夹持装置和定心式夹持装置两大类。a. 当向夹具、储料装置或机床工作机构安装物体时，由定心式夹持装置来确定物体（毛坯、零件、工具等）的轴线位置或对称平面。在定心式夹持装置中用得最多的是机械式夹紧的夹持装置，它通常具有钳口、凸轮、V 形铁等形式的夹持器工作元件。另外还有特殊结构的定心式夹持装置，即在空气压力作用下，其内腔可以变形的弹性筒式夹持装置。定心式夹持装置决定了被操作物体安装平面的位置。b. 定位式夹持装置则可以保持被操作物体在夹持瞬时的位置。若需要被操作物体重新定位，则夹持装置应能独立地控制每一工作元件的位移。此外，还有带传感器的夹持装置。带有传感器的多杆铰链手，具有能独立地控制每一工作元件的位移，并使操作物体重新定位的性能。但是，具有该性能的夹持装置，其结构及控制均较复杂。

6.5.3 夹持机构结构与分析

对于应用广泛的夹持装置来说，被夹持物体的结构可以是短旋转体（法兰类）、长旋转体（轴类），也可以是棱形体（机壳类）等，按照被夹持物体的形状和外形尺寸的不同，其夹持装置对应有不同的结构。

在设计或选择工业机器人的夹持装置时，必须考虑以下问题：①工业机器人所服务的基本和辅助工艺装备的类型和结构（例如机床、储料或输送装置等）。②操作物体的特征。③工业机器人自身结构和形式。④机器人技术综合装置所完成的工艺过程特点。以下针对不同类型的夹持器分别予以介绍。

（1）轴类零件夹持器

轴类零件夹持器应用广泛，在某些领域可以视为通用机构。

图 6-16 和图 6-17 分别给出了用于直径变化范围较大的光轴及阶梯轴类零件单定位夹持器的结构形式。

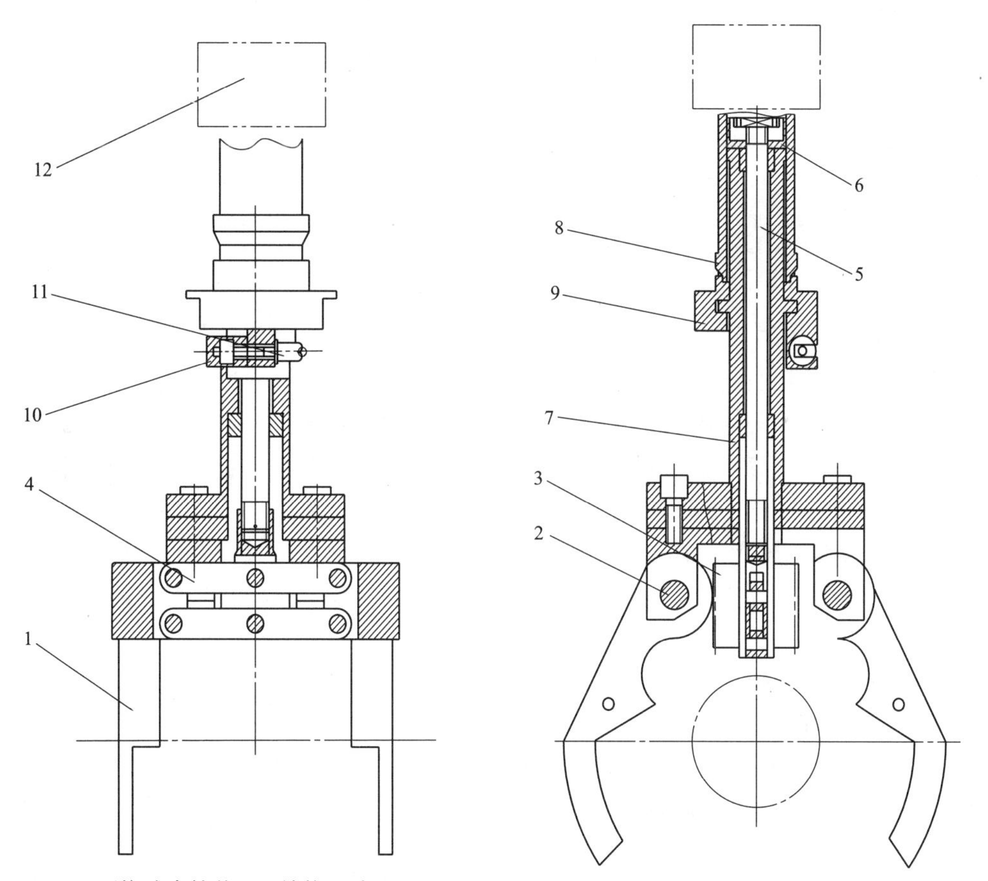

图 6-16 可换式夹持装置（结构形式 1）

1—夹持杠杆；2—轴；3—齿条；4—铰链杠杆；5—拉杆；6—套筒（夹持器松开夹紧传动装置的套筒）；7—夹持器尾柄；8—手腕主轴；9—扣榫接头；10—附加杆；11—螺母；12—手腕

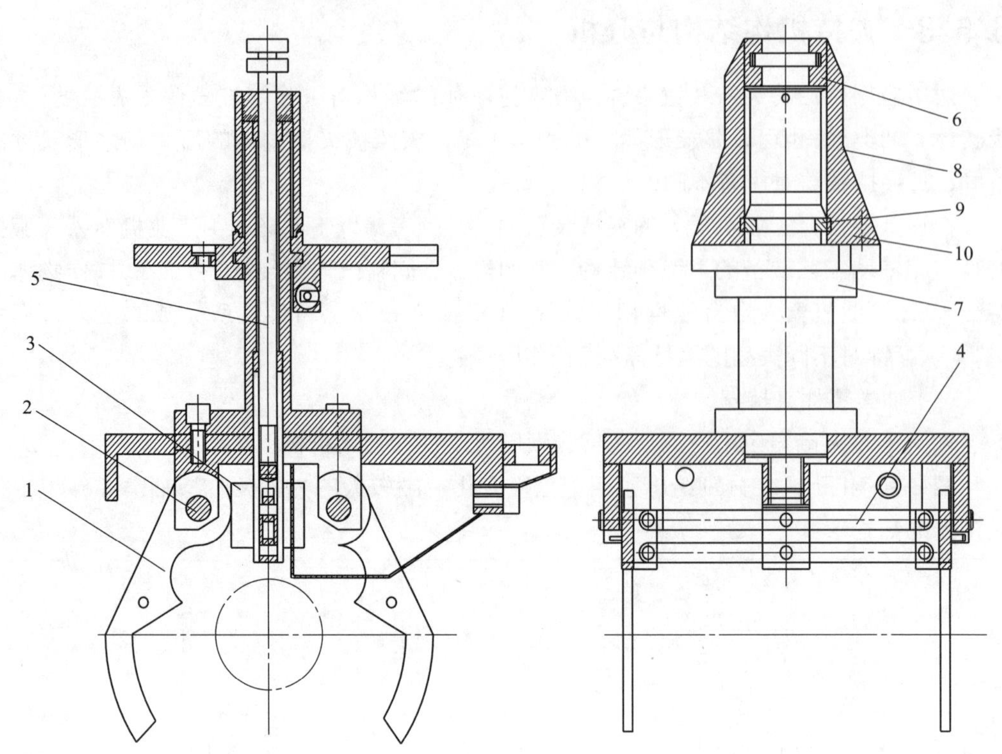

图 6-17　快换式夹持装置（结构形式 2）

1—夹持杠杆；2—轴；3—齿条；4—铰链杠杆；5—拉杆；6—套筒（夹持器的松开夹紧传动装置的套筒）；7—夹持器尾柄；8—手腕主轴；9—扣榫接头；10—定位销

这两种结构形式的共同特点是：无论被夹持工件的轴向尺寸多大，均能保证工件的定心而与被夹持工件直径无关。该结构是依靠夹持器钳口轮廓来达到较高的安装稳定性。其两个夹持杠杆与对应的夹紧钳口做成一体，自由地装在对应的轴上。在夹持杠杆上做出扇形齿，该扇形齿与齿条成对地啮合；同时，该齿条与铰链杠杆相连，以形成铰链平行四边形。这样，铰链平行四边形能够保证每一对夹紧杠杆的独立工作，而且它也是保证夹持阶梯轴定心所必需的。拉杆和套筒中的槽连接处、夹持器尾柄与手腕主轴的头部扣榫接头处均可以做成标准化的，标准化后便可以设计成可换式、快换式两种结构形式。

图 6-16 结构为其中一种可换式夹持装置，包括夹持杠杆、轴、齿条、铰链杠杆、拉杆、套筒、夹持器尾柄、手腕主轴、扣榫接头、附加杆及螺母等。

对该结构形式的夹持器来说，被夹持的轴类零件其直径范围为 40 ~ 90mm，长度可以达 250mm。该结构中，尾柄用扣榫接头、带螺纹的附加杆和螺母固定在手腕主轴上。

还有其他种类的可换式夹持装置，如某可换式夹持装置是依靠法兰固定在手腕上的，该法兰带有中心孔、法兰圈周围有紧固螺纹孔。这种夹持装置的位置固定，是最简单、最通用的。

图 6-17 所示的结构形式为快换式夹持装置，包括夹持杠杆、轴、齿条、铰链杠杆、

拉杆、套筒、夹持器尾柄、手腕主轴、扣榫接头及定位销等。

对图 6-17 所示结构形式的夹持器来说，被夹持的轴类零件其直径范围 40 ~ 100mm，长度可以达 500mm。

在快换式夹持装置中有一扣榫接头，可用在自动可换式夹持器中。 安装时尾柄和同时放松的定位销都进入槽中。 当夹持器转过 90° 时，在弹簧作用下，定位销可以进入法兰的孔中，完成夹持器的快换。

（2）其他机械夹持器

夹持器还有多种类型。 例如：带杠杆型接触传感器的夹持器机构；双位置对心式夹持装置；带法兰类零件气压传动夹持器装置；重轴类零件液压驱动夹持器；大直径法兰类零件的液压驱动双位置夹持装置；其他专用夹持机构等。

（3）特殊夹持器

由于机械夹持器的重量、体积较大，给使用带来了局限性。 还有，在要求能操作大型、易碎或柔软物体的作业中，刚性的机械夹持器是无法抓取对象的，对此可以采用特殊夹持器。 特殊夹持器对于特定对象来说，虽然能保证完成其规定的作业，但能适应的作业种类是有限的。 因此，根据不同作业要求，应准备若干个特殊夹持器，将它们替换安装使用。

根据夹持器的工作原理不同，常见的特殊夹持器有三种：气吸式、磁吸式和喷射式。 气吸式手部按形成真空或负压的方法不同又可将其分为真空吸盘式、气流负压吸盘式和挤气负压吸盘式。

在这几种方式中，真空式吸盘吸附可靠、吸力大、机构简单、价格便宜，应用最为广泛。 如在电视机生产线上，电视机半成品在制造和装配过程中的搬运和位置调整，主要采用真空吸盘式。 工作过程中，吸盘靠近电视机屏幕，真空发生器工作使吸盘吸紧屏幕，以实现半成品电视机的抓取和搬运。

磁吸式夹持器主要是利用电磁吸盘来完成工件的抓取，通过电磁线圈中电流的通断来完成吸附操作。 其优点在于不需要真空源，但它有电磁线圈所特有的一些缺点，它仅能适用于磁性材料，吸附完成后有残余磁性等，这使得其使用受到一定限制。

喷射式夹持器主要用于一些特殊的使用场合，目前在机械制造业、汽车工业等行业中已使用的喷漆机器人、焊接机器人等，其夹持器均采用喷射式。

在常见的搬运、码垛等作业中，特殊夹持器与机械夹持器相比，结构简单、重量轻，手部具有较好的柔顺性，但其对于抓取物体的表面状况和材料有较高的要求，使用寿命也有一定局限。

6.6 其他机构

6.6.1 操作机水平移动机构

板材冲压型工业机器人常用于仪器制造业的板材冲压及机械装配过程自动化中。 当该机器人是移动式结构时，操作机的运动包括提升运动、横向移动、手臂水平面中的转动、轴向移动和带夹持器的手腕相对于总纵轴的转动。实现横向移动的机构即是这里讨论的操作机水平移动机构。

6.6.1.1 机构设计流程

操作机水平移动机构设计流程的内容包括方案制定、移动机构要求、力学特性、机械结构、精度要求、详细设计、验证与修改等。

（1）方案制定

移动机构设计时，由于机构和控制系统方面的限制，应针对机器人工作现场及工作对象来进行。以 GY-B 型工业机器人为例，GY-B 型工业机器人的移动机构由以下组成：移动机构气压缓冲器、移动机构气缸、固定机体、软导线管、气动组件、气压缓冲器等。

制定移动机构的方案时，应首先明确工作对象，了解移动机构在机器人整机中的作用及位置，还应满足机器人移动机构的要求。

（2）移动机构要求

移动机构采用气动控制，其运动特性要求如表 6-22 所示。

表 6-22 移动机构运动特性

位 移 速 度	数 值
横向位移/（m/s）	—

（3）力学特性

针对移动机构，制定满足其结构的力学特性与参数，如表 6-23 所示。

表 6-23 移动机构力学特性与参数

力 学 特 性	数 值
力学关联性能	—

对移动机构的关键零部件应进行强度、刚度、稳定性等计算。

（4）零部件建模与设计

在满足移动机构要求、力学特性的前提下进行移动机构的专用零件建模与设计。机械结构特殊要求如表 6-24 所示。

表 6-24 移动机构机械结构特殊要求

机械结构特性	数 值
质量/kg	—
机械结构关联性能	—

该设计应包括专用零件的详细设计、优化设计等。

（5）精度要求

在移动机构的零部件结构设计时，必须考虑选用件的匹配及零部件间的配合，以满足精度要求，其精度要求如表 6-25 所示。

表 6-25　移动机构精度要求

定　位　精　度	数　　值
物体位移的定位精度/mm	—

（6）详细设计、验证与修改

在上述基础上进行移动机构及专用零件的详细设计。验证移动机构的运动特性、力学特性及精度要求，修改零件的机械结构，直至满足各项技术要求。

6.6.1.2　移动机构原理

GY-B 型工业机器人为移动式的结构，其移动机构结构原理如图 6-18 所示。图6-18 中包括手臂机构、移动机构、转动及提升机构等。

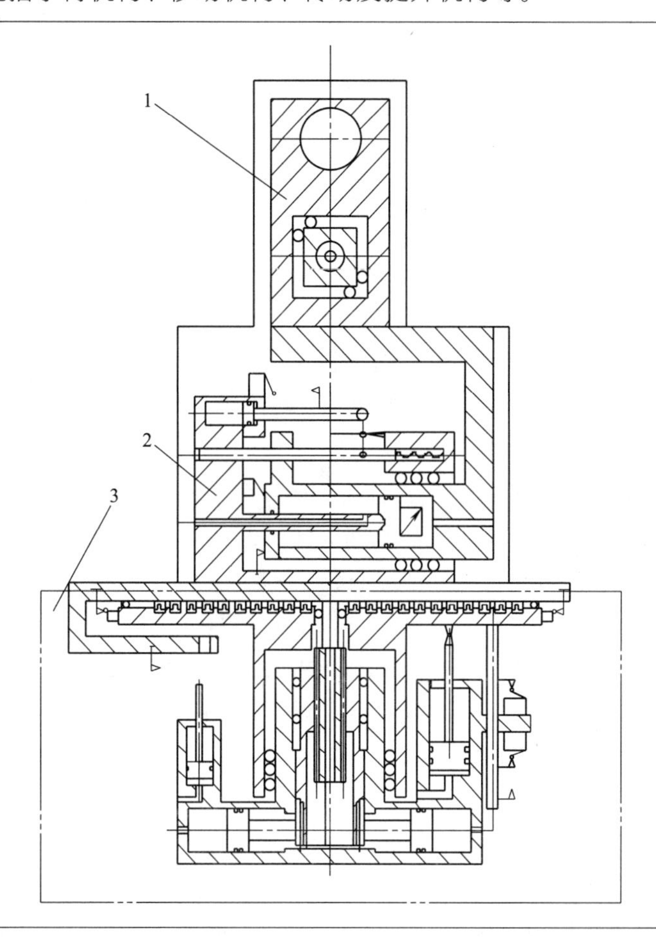

图 6-18　水平移动机构结构原理

1—手臂机构；2—移动机构（偏移机构）；3—转动及提升机构

GY-B 型工业机器人移动机构的运动原理如图 6-19 所示。包括移动机构气压缓冲器、移动机构气缸、夹持器夹持气缸、手臂液压缓冲器、手臂气缸、夹持器转动气缸、移动机构、转动及提升机构等。

该机构的运动是由控制台上的运动循环程序给定的。当循环程序控制装置给出指令时，相应的气体分配器电磁铁吸合并开启空气通路，使气体进入执行机构的气缸，迫使操作机完成给定的运动。

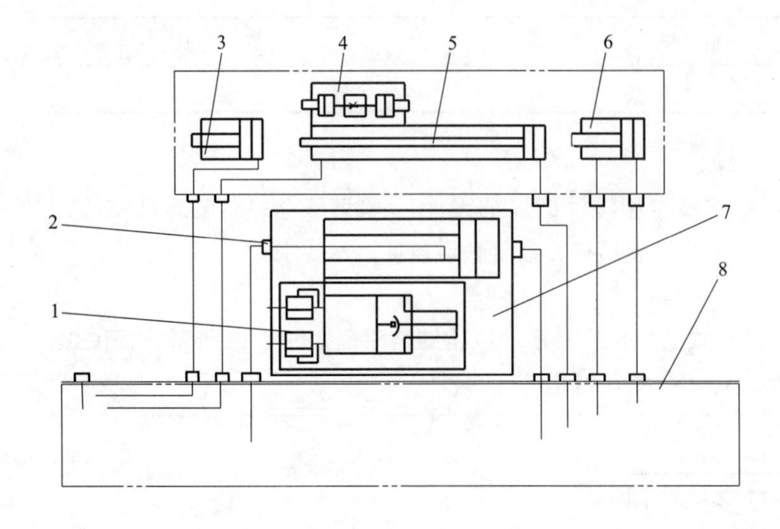

图 6-19　GY-B 型工业机器人移动机构运动原理简图

1—移动机构气压缓冲器；2—移动机构气缸；3—夹持器夹持气缸；4—手臂液压缓冲器；5—手臂气缸；6—夹持器转动气缸；7—移动机构；8—转动及提升机构

6.6.1.3　移动机构结构与分析

移动机构是实现其在导轨上灵活运动的关键部件。移动机构在水平移动方向带有位置传感装置，以保证移动位置的正确性。

操作机水平移动机构的结构如图 6-20 所示。包括机体、空心活塞杆-活塞、驱动气缸、可动缸体、滚动导轨、环、盖、手臂支架、管接头、移动挡块、滑杆、缸盖、弹簧、杠杆、滑杆、气压缓冲器及节流阀等。

平移机构的固定机体被固定在转动提升机的圆盘上，驱动气缸的空心活塞杆，活塞与固定机体相连。驱动气缸的外表面做成四面柱，这样便于缸体可沿滚动导轨移动，该滚动导轨的滚珠套圈是固定在机体上的，即驱动气缸可以在机体上移动。在机体上固定着手臂支架，手臂支架通过环、盖与可动缸体相连接，由于环、盖均与可动缸体相连，因此手臂支架的连接是可靠的。为了使手臂移动，空气通过管接头进入气缸的活塞腔，此时活塞杆腔与大气接通。滑杆上安装有移动挡块，移动挡块沿滑杆运动，因此可以用移动挡块来调节滑杆的行程。在驱动气缸的行程终端，该驱动气缸的缸盖作用在挡块上并压缩弹簧，由此使下滑杆向右移动，此时杠杆绕轴转动。当杠杆绕轴转动时，由于气压缓冲器的活塞杆与上滑杆刚性相连，便使得上滑杆向左移动。当活塞杆压入气压缓冲器的壳体中时，迫使气缸进行运动的制动，直到安全阀有动作为止。该制动是由于在气缸腔中的空气压缩而产生的，需要将安全阀的弹簧依靠螺母来进行调整，直至调到相应的压力。为了使带手臂的支架返回初始位置，压缩空气需要通过空心活塞杆的中心孔进入气缸的活塞杆腔。当手臂到行程终端时，气缸的活塞杆腔经过节流阀，手臂的制动是依靠空气及节流阀缓慢流入大气而产生的。在此行程期间，缸盖向左移动，松开可动挡块，弹簧则使下滑杆、杠杆、上滑杆及其相连的气压缓冲器活塞杆等返回初始位置。在气压缓冲器中，单向阀开启着。在气压缓冲器中安装两个位置传感器，以便两点定位。

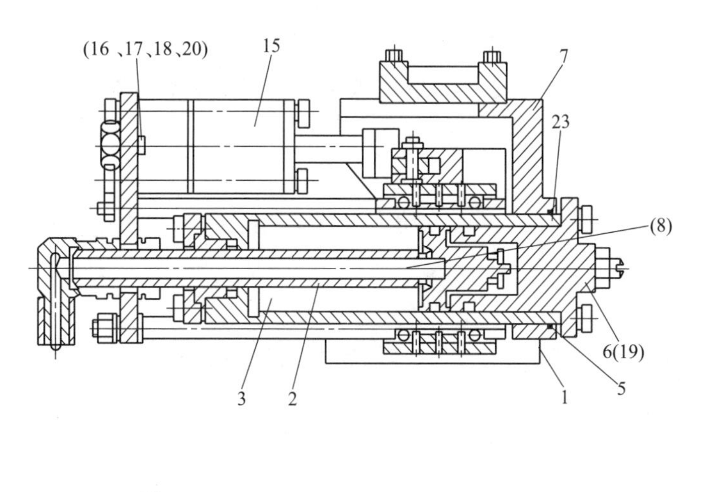

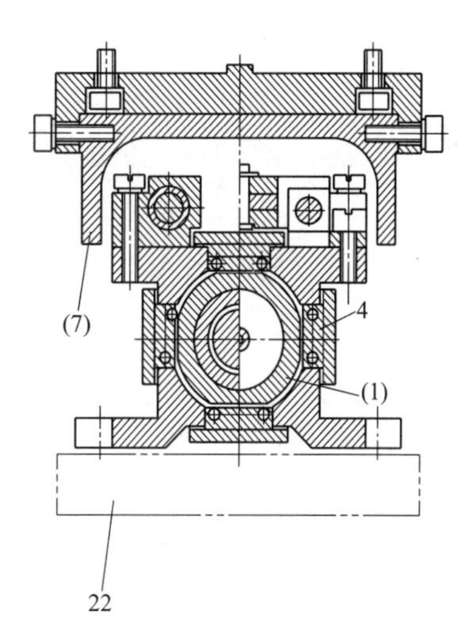

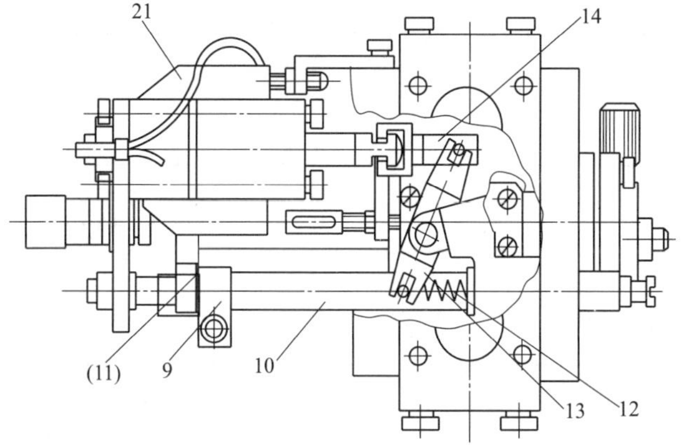

图 6-20　GY-B 型工业机器人移动机构

1—固定机体；2—空心活塞杆-活塞；3—驱动气缸；4—滚动导轨；5—环；6—盖；7—手臂支架；8—管接头；9—移动挡块；10—下滑杆；11—缸盖；12—弹簧；13—杠杆；14—上滑杆；15—气压缓冲器；16—弹簧支撑件；17—弹簧；18—螺母；19—节流阀；20—单向阀；21—传感器；22—圆盘；23—可动缸体

6.6.2　滑板机构

滑板机构适用于为卧式金属切削机床工作的工业机器人操作机上，该操作机为组成柔性自动化系统的工艺装备，配备有定位式数控装置，能够按照给定程序实现沿三个坐标轴的位移。

6.6.2.1　滑板机构设计流程

滑板机构设计流程的内容包括方案制定、滑板机构要求、力学特性、机械结构、精度要求、详细设计、验证与修改等。

（1）方案制定

以 GS-40 型工业机器人为例，GS-40 型工业机器人能够在一组带有水平主轴的金属切削机床上工作。 其滑板机构设计中，由于机构和控制系统方面的限制，应针对机器人工作现场及工作对象来进行。滑板机构的组成包括：小车、导轨、滑板机体、连杆、线性电液步进驱动装置、单独的壳体、定位器杠杆等。

制定滑板机构的方案时，应首先明确工作对象，了解滑板机构在机器人整机中的作用及位置，还应满足机器人滑板机构的要求。

（2）滑板机构要求

滑板机构采用线性电液步进式驱动装置实现垂直运动，与滑板连接的小车采用电液步进式驱动装置实现沿导轨纵向运动。

（3）力学特性

针对滑板机构，制定满足其结构的力学特性与参数，其参数如表 6-26 所示。

对滑板机构的关键零部件应进行强度、刚度、稳定性等计算。

（4）零部件建模与设计

表 6-26　滑板机构力学特性与参数

力　学　特　性	数　　值
力学关联性能	—

在满足滑板机构要求、力学特性的前提下，进行滑板机构的专用零件建模与设计。机械结构特殊要求如表 6-27 所示。

表 6-27　滑板机构机械结构特殊要求

机械结构特性	数　　值
质量/kg	—
机械结构关联性能	—

该设计应包括专用零件的详细设计、优化设计等。

（5）精度要求

在滑板机构的零部件结构设计时，必须考虑选用件的匹配及零部件间的配合，以满足精度要求，其精度要求如表 6-28 所示。

表 6-28　滑板机构精度要求

定　位　精　度	数　　值
滑板位移的定位精度/mm	—

（6）详细设计、验证与修改

在上述基础上进行滑板机构及专用零件的详细设计，验证滑板机构的要求、力学特性及精度要求，修改零件的机械结构，直至满足各项技术要求。

6.6.2.2　滑板机构原理

滑板机构是移动小车与机械手臂的连接部件，并实现沿水平方向的位移。

GS-40 型工业机器人是可移动式并有门架结构的工业机器人，其滑板机构运动原理如图 6-21 所示。 图 6-21 中包括小车、导轨、滑板、滑板的机体、连杆、线性电液步进驱动装置等。

图 6-21 中，操作机的门架结构使得它可以安装可移动的小车，之后便是小车与滑板机构、滑板机构与手臂的连接。 小车沿导轨实现纵向移动，而滑板机构维系着手臂垂直运动，即在滑板的下部铰接手臂机构。

6.6.2.3 滑板机构结构与分析

GS-40 型工业机器人操作机中，滑板机构是水平移动与垂直移动的联系部件，设计滑板机构时，应首先考虑实现两交叉运动的零件。

GS-40 型工业机器人操作机手臂机构滑板结构如图 6-22 所示，包括：滑板、小车机体、滚轮、偏心轴、活塞杆、前侧面、单独的壳体、液压柱塞、弹簧、定位器杠杆、手臂固定件等。

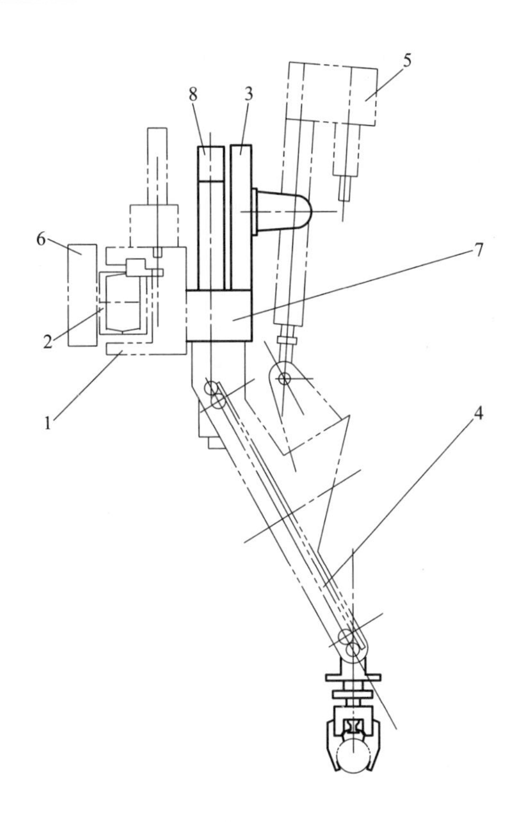

图 6-21　GS-40 型滑板机构运动简图

1—小车；2—导轨；3—滑板；4—手臂；5—线性电液步进驱动装置；6—操作机门架；7—滑板的机体；8—连杆

操作机的手臂做成连杆形式铰接在滑板上，并且手臂可以在垂直平面内做摆动运动。 在小车上固定着滑板机体，该滑板机体有摆动支承。 在滑板机体的摆动支承上面，滑板在垂直方向移动。 在滑板的下端轴上安装手臂。 手臂滑板的移动通过线性电液步进式驱动装置来完成。

操作机手臂机构滑板结构被做成横截面为封闭轮廓的焊接箱体。 小车机体内有两组滚轮，每组四个，滚轮装在小轴的滚动轴承中，滑板在该两组滚轮上进行移动。 为了实现滚轮与滑板间接触时的预紧度，设计有偏心轴。

在小车机体的上部装有垂直移动线性电液步进驱动装置，该驱动装置的活塞杆固定在滑板上。滑板的下平面上固定着手臂，而在前侧面上固定支架，在支架上安装着手臂摆动电液步进驱动装置，该驱动装置活塞杆靠铰链与手臂相连。

在机体上固定有滑板的定位机构，该定位机构装在单独的壳体上。

在壳体的上部装有柱塞，该柱塞由弹簧进行驱动，此柱塞经常作用在定位器杠杆的上肩部。在壳体的下部有带柱塞的镗孔，该柱塞的运动由液压驱动，并作用在杠杆的下肩部。当滑板运动时，两个柱塞用以平衡定位器杠杆，这时定位器杠杆处于垂直位置，而滑板被松开。

若去掉一个柱塞上的压力，则定位器杠杆在弹簧的作用下，按顺时针方向旋转，进入固定在垂直方向的滑板槽中。为了松开滑板，必须给予液压柱塞的前腔以压力。

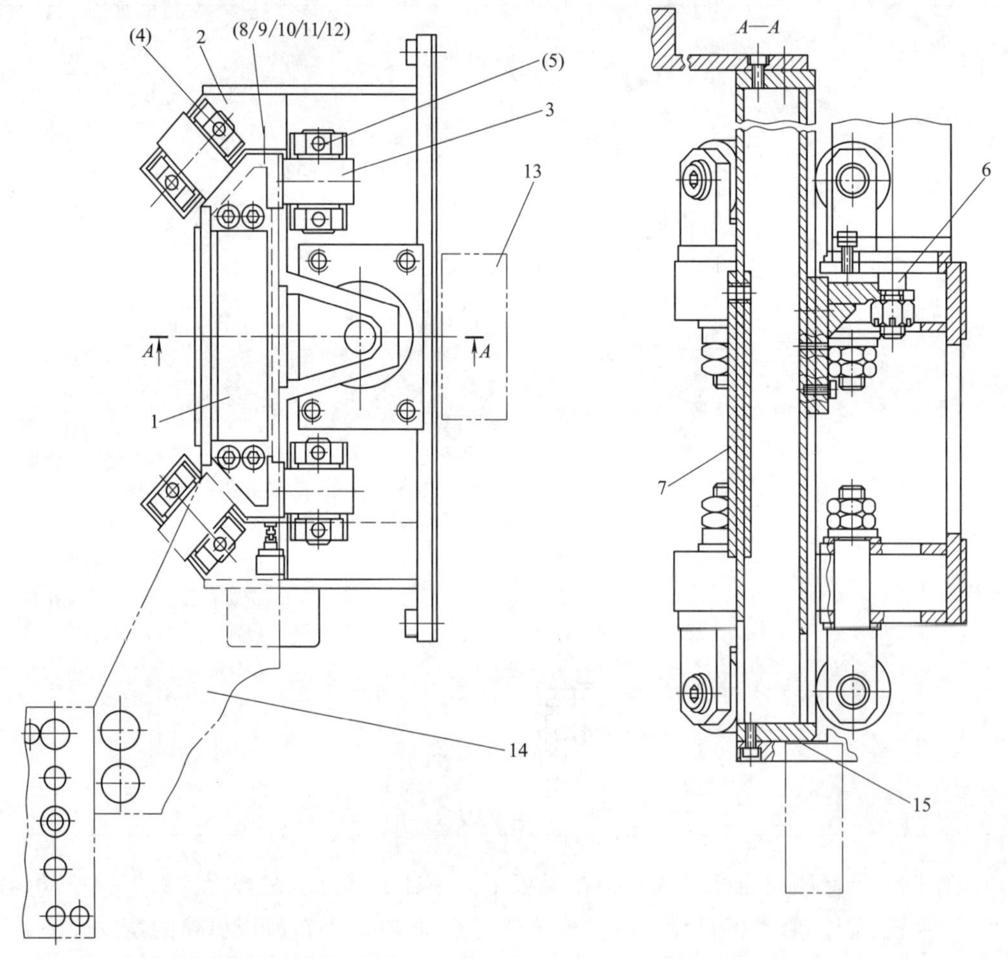

图 6-22 GS-40型操作机手臂机构滑板

1—滑板；2—小车机体；3—滚轮；4—小轴；5—偏心轴；6—活塞杆；7—前侧面；8—单独的壳体；9—液压柱塞；10—弹簧；11—定位器杠杆；12—柱塞；13—门架；14—手臂机构；15—手臂固定件（平面）

参 考 文 献

［1］ Mikkel Rath Pedersen，Lazaros Nalpantidis，Rasmus Skovgaard Andersen，et al. Robot skills for manufacturing：From concept to industrial deployment［J］. Robotics and Computer-Integrated Manufacturing，2016，37：282-291.

［2］ Rui Li，Yang Zhao. Dynamic error compensation for industrial robot based on thermal effect model［J］.Measurement，2016，88：113-120.

［3］ Andrea Cherubini，Robin Passama，André Crosnier，et al. Collaborative manufacturing with physical human-robot interaction［J］. Robotics and Computer-Integrated Manufacturing，2016，40：1-13.

［4］ Temesguen Messay，Raúl Ordó ñez，Eric Marcil. Computationally efficient and robust kinematic calibration methodologies and their application to industrial robots［J］. Robotics and Computer-Integrated Manufacturing，2016，37：33-48.

［5］ Mario Guillo，Laurent Dubourg. Impact & improvement of tool deviation in friction stir welding：Weld quality & real-time compensation on an industrial robot［J］. Robotics and Computer-Integrated Manufacturing ，2016，39：22-31.

［6］ Doris Aschenbrenner，Michael Fritscher，Felix Sittner，et al. Teleoperation of an industrial robot in an active production line［J］. IFAC-PapersOnLine，2015，48（10）：159-164.

［7］ 李慧，马正先．机械零部件结构设计实例与典型设备装配工艺性［M］. 北京：化学工业出版社，2015.

［8］ 李睿，曲兴华．工业机器人运动学参数标定误差不确定度研究［J］. 仪器仪表学报，2014，35（10）：2192-2198.

［9］ ［法］J.-P. 梅莱．并联机器人［M］. 黄远灿译．北京：机械工业出版社，2014.

［10］ 刘勇，陆宗学，卞绍顺．工业机器人码垛手爪的结构设计［J］. 机电工程技术，2014，43（2）：44-45.

［11］ Tan Min，Wang Shuo. Research progress on robotics［J］. Acta Automatica Sinica，2013，39（7）：963-972.

［12］ Pellicciari M，Berselli G，Leali F，et al. A method for reducing the energy consumption of pick-and-place industrial robots［J］. Mechatronics，2013，23（3）：326-334.

［13］ Chen Genliang，Wang Hao，Lin Zhongqin. A unified approach to the accuracy analysis of planar parallel manipulators both with input uncertainties and joint clearance［J］. Mechanism and Machine Theory，2013，64（1）：1-17.

［14］ Giberti H，Cinquemani S，Ambrosetti S. R 2dof parallel kinematic manipulator - A multidisciplinary test case in mechatronics［J］. Mechatronics，2013，23（8）：949-959.

［15］ Dunning A G，Tolou N，Herder J L. A compact low-stiffness six degrees of freedom compliant precision stage［J］. Precision Engineering，2013，37（2）：380-388.

［16］ Fusaomi Nagata，Sho Yoshitake，Akimasa Otsuka，et al. Development of CAM system based on industrial robotic servo controller without using robot language［J］. Robotics and Computer-Integrated Manufacturing，2013，29：454-462.

［17］ 尚伟燕，邱法聚，李舜酩等．复合式移动探测机器人行驶平顺性研究与分析［J］. 机械工程学报，2013，49（7）：155-161.

［18］ 李慧，马正先．机械结构设计与工艺性分析［M］. 北京：机械工业出版社，2012.

［19］ Ijeoma W Muzan，Tarig Faisal，H M A A Al-Assadi，et al. implementation of industrial robot for painting applications［J］. Procedia Engineering，2012，41（1）：1329-1335.

［20］ 王维，杨建国，姚晓栋等．数控机床几何误差与热误差综合建模及其实时补偿［J］. 机械工程学报，2012，48（7）：165-170.

［21］ 徐秀玲，王红亮．提高五轴数控机床联动精度补偿方法研究［J］. 机械设计与制造，2012，4（1）：179-181.

［22］ J. Jesús Cervantes-Sánchez，José MRico-Martínez，SalvadorPacheco-Gutiérrez，et al. Static analysis of spatial parallel manipulators by means of the principle of virtual work［J］. Robotics and Computer-Integrated Manufacturing，2012，28（3）：385-401.

［23］ 侯士杰，李成刚，陈 鹏．工业机器人关节柔性特征研究［J］．机械与电子，2012，(2)：74-77.

［24］ Abele E，Bauer J，Hemker T，et al. Comparison and validation of implementations of a flexible joint multibody dynamics system model for an industrial robot［J］. CIRP Journal of Manufacturing Science and Technology，2011，4 (1)：38-43.

［25］ Khan Abdul Wahid，Chen Wuyi. A methodology for systematic geometric error compensation in five-axis machine tools［J］. Int J Adv Manuf Technol，2011，53 (5-8)：615-628.

［26］ 刘涛．层码垛机器人结构设计及动态性能分析［D］．兰州理工大学研究生论文，2010.

［27］ Wang Liping，Wu Jun，Wang Jinsong. Dynamic formulation of a planar 3-DOF parallel manipulator with actuation redundancy［J］. Obotics and Computer-Integrated Manufacturing，2010，26 (1)：67-73.

［28］ 赵景山，冯之敬，褚磊磊．机器人机构自由度分析理论［M］．北京：科学出版社，2009.

［29］ 谭民，徐德，侯增广等．先进机器人控制［M］．北京：高等教育出版社，2007.

［30］ ［俄］索罗门采夫．工业机器人图册［M］．干东英，安永辰译．北京：机械工业出版社，1993.

［31］ http://abb. robot-china. com.

［32］ 陈继文，范文利，逄波等．机械电气控制与PLC应用［M］．北京：化学工业出版社，2015.

［33］ 董春利．机器人应用技术［M］．北京：机械工业出版社，2014.

［34］ 兰虎．工业机器人技术及其应用［M］．北京：机械工业出版社，2014.

［35］ 姜志海，刘连鑫，赵艳雷．单片微型计算机原理及应用——C语言版［M］．北京：电子工业出版社，2015.

［36］ 武奇生，白璘，惠萌等．基于ARM的单片机应用及实践——STM32案例式教学［M］．北京：机械工业出版社，2014.

［37］ 周永志，袁少帅．PLC实现机器人的自动控制［J］．机电一体化，2010，(1)：68-70.

［38］ 金自立．工业机器人离线编程和虚拟仿真技术［J］．机器人技术与应用，2015，(6)：44-46.

［39］ 李疆，游有鹏．基于DSP与FPGA的机器人运动控制系统设计［J］．机械与电子，2014，(4)：64-67.